中国的透翅蛾

（鳞翅目：透翅蛾科）

徐振国　刘小利　金　涛　编著

中国林业出版社
·北京·

内容简介

　　本书是我国透翅蛾科昆虫分类的首部著作，记述了分布于全国各大生态区已知的透翅蛾，共计 3 亚科、26 属、112 种、5 亚种，其中包括许多重要的林果树蛀虫。书中较系统地描述了成虫形态特征，并附有成虫外形和外生殖器解剖图 149 帧，还列出了亚科、属、种（亚种）的分类检索表，以及其地理分布分析、寄主植物、生活习性等。

　　本书可供农林科研、教学、植物保护、昆虫学界同仁参考。

编著：徐振国　青海大学农林科学院（青海省农林科学院）

　　　　刘小利　青海大学农林科学院（青海省农林科学院）

　　　　金　涛　青海大学农林科学院（青海省农林科学院）

参编：魏海斌　青海大学农林科学院（青海省农林科学院）

　　　　顾文毅　青海大学农林科学院（青海省农林科学院）

　　　　廖　东　西宁市西山林场

　　　　史文君　青海大学农林科学院（青海省农林科学院）

前 言

透翅蛾是重要的林业害虫，蛀害多种经济树种的枝干，能导致不同程度的经济损失。在我国"三北"防护林区，透翅蛾的危害尤其突出，不少地区的杨树受害程度甚至高于天牛、木蠹蛾的危害，是不容忽视的主要钻蛀性害虫。20世纪末，青海省西宁市区的行道杨树受蛀指数曾高达43%～79%，严重影响市区绿化和市容市貌。为此，我们受命立项进行了多年的专题研究，并得到国家自然科学基金资助，小有心得，兹初汇成集，以飨业内诸君。

国内透翅蛾分布甚广，各大自然生态区都有发生。从雪域拉萨，到南滨羊城；从东海日照到北部大漠，延至江南水乡，皆有标本斩获。

我国透翅蛾种类不多，早年胡经甫（1938）统计有16属，39种；近代其区系研究始于20世纪60～70年代，杨集昆、王音等率先发现并命名了一批新种；继其20年后，我等在此基础上，收集整理并以较大篇幅扩充了现阶段的系统分类成果，从而结束了我国透翅蛾区系研究长期为外国垄断的历史。

本书收录虫种共计112种及5个亚种，除少数摘自有关文献外，均据实物标本描述，各种之外生殖器结构图，都是精制解剖玻片后，用显微成像绘成，力求图文并茂，精益求精。诚望此专著能为推动我国透翅蛾科的研究，敬献一份绵薄之力。书中不足之处，盼读者不吝赐教。

　　值此书稿即将付印之际，谨向业界已故先贤刘友樵、肖刚柔、杨集昆等知名学者，以及曾对本项研究惠予过帮助的诸位友好同仁，致以衷心的谢忱。

徐振国

2019 年 4 月 8 日于洛杉矶

· 作者简介 ·

徐振国

　　安徽省广德县流洞桥人，出生于1936年，研究员。中国农业大学毕业，在青海大学农林科学院（青海省农林科学院）从事森林昆虫学工作，对杨木蠹蛾、杨干透翅蛾、梳角窃蠹等重要林木害虫有较系统的研究，发现并命名了害虫新种（及亚种）19 种，在我国及日本、美国的有关主流学刊发表论文 22 篇。曾获得青海省科学技术进步二等奖、中国林学会学术奖等多个奖项。享受国务院特殊津贴，1992 年经国家人事部核定为"有突出贡献的中青年专家"。

目　录

第一章 透翅蛾科的系统研究

一、透翅蛾科的分类地位

透翅蛾科已设立百余年。一个多世纪以来，由于以往对基本的形态特征研究不够，多注重表面的近似和依赖研究者的判断，该科在双孔亚目（Ditrysia）中的分类地位很不确定。在 19 世纪，按林奈分类系统曾把鳞翅目昆虫概分为日蛾类（Diurnal Moths）、夜蛾类（Nocturnal Moths）和暮蛾类（Crepuscular Moths）等三大类，透翅蛾科则被归于日蛾类。Mosher（1916）最早提出设置透翅蛾总科（Aegerioidea）；其后，Meyrick（1928）又部分地将透翅蛾科归属雕蛾总科（Glyphipterygoidea），但未被大多数分类学者认可。最近 40 多年中，仍限于分类界限不清，常把该科置入巢蛾总科（Yponomeutoidea），或谷蛾总科（Tineoidea），意见甚不一致。在 20 世纪 70 年代，随着系统研究的逐步深入和日臻完善，不少研究者（Common，1974～1975；Brock，1971；Heppner，1977）根据对幼虫形态、蛹的活动性及成虫的主要形态等特征的综合评述，认为应重新确立透翅蛾总科（Sesioidea）。本书将采用这一分类系统。

透翅蛾总科有以下主要特征：

◎ 具卷蛾型的腹关节（腹部第 2 腹板前缘通常无棒状骨片）；

◎ 幼虫前胸气门群具 3 根刚毛（除 *Sagalassa* 属为 2 根刚毛）；

◎ 翅脉相正常（尽管有的因翅窄长，而有所不一）；

◎ 常具大的侧单眼（若有缺如者，也留有痕迹）；

◎ 成虫日出性；

◎ 蛹可伸缩蠕动；

◎ 某些外生殖器特征基本近似。

该总科包括瑞蛾科（Brachodidae）、透翅蛾科（Sesiidae）、狭翅蛾科（Urodidae）、石蛾科（Choreutidae）等 4 科，可从以下检索表检出。

透翅蛾总科分科检索表

1. 喙光裸，前、后翅常有透明区（至少后翅有透明区）······················· 2

   喙基部着生鳞毛，后翅无透明区 ·························· **石蛾科** Choreutidae

2. 前翅后缘与后翅前缘形成互钩式联锁结构，前翅基半部显著窄长，大多数虫种的翅有部分透明区，或几乎全部透明 ···················· **透翅蛾科** Sesiidae

   前、后翅无上述联锁结构；前翅如延长，则基半部不显变窄；翅面若有透明区，则仅在后翅上 ··· 3

3. 前翅 A_{1+2} 脉基叉部长约为中室 1/3～1/2 长度；后翅臀区延展，偶有透明区 ·· **瑞蛾科** Brachodidae

   前翅 A_{1+2} 脉基叉部长不超过中室 1/3 长度；后翅臀区正常 ··· **狭蛾科** Urodidae

二、透翅蛾科的分类研究回顾

　　透翅蛾科是鳞翅目昆虫中的一个具有独特遗传习性和拟态特征的类群。长期以来，该科与其他鳞翅类昆虫一样，以外部形态特征和翅脉相的差异作为主要的分类依据；虽然近代在许多方面取得了不少重要进展，但经典的分类方法，依然沿袭至今。Beutenmuller（1901）率先根据翅脉、下唇须描述了北美的透翅蛾，并出版了专著。Barther（1912）综述了旧北界 360 种（In Seitz）。Le Cerf（1916、1917）又增记旧北界以外的很多种，并对常见的主要分类特征拟定了专业术语；同期，他（1920）在北非透翅蛾的研究中，首先将次生殖器（Secondary genital apparatus）特征引用到分类学。只是当时所描述的种类太少，因而未能引起注意。Hampson（1919）对东洋区和非洲区的主要透翅蛾进行了分类；同时，他沿用的传统分类方法，还被后来的分类学者应用到其他蛾类，如：斑蛾科（Zygaenidae）（Alberti，1958～1959）、螟蛾科（Pyralidae）（Roesler，1965）。胡经书先生于 1938 年统计了此前国外分类学者研究命名的我国透翅蛾共 16 属，39 种。

　　在近代的透翅蛾分类研究中，比较注意成虫外生殖器结构在分类上的应用价值，但到目前为止还没有达到完全系统化，仍属于经典分类方法的有力补充和完善阶段。这个时期有代表性的研究有：Engelhardt（1946）和 Popescu-Gorj、Alexinschi、Niculescu（1964）分别描述了北美和欧洲（罗马尼亚）透翅蛾的外生殖器等特征；Naumann（1971）又对北美和旧北界部分种类的外生殖器结构作了比较。

　　20 世纪 70 年代前后，信息素的出现有力地推动了北美的透翅蛾科的区系研究，不仅一大批新种被相继发现，而且也科学地丰富了现代分类的途径和手段（Nielsen et Purrington，1974、1977、1978；Duckworth et Eichlin，1977），与此同时，Mckay（1968）为解决北美近缘属的区分，采用了幼虫毛序比较方法，并修订了 Engelhardt（1946）的一些研究结果。

关于亚科设置，近代学者的意见不完全一致。Niculescu（1964）提出设 4 个亚科（Bembeoiinae，Aegeriinae，Paranthreninae，Synanthedoninae），Naumamn（1970）提出只设 2 个亚科（Tinthiinae，Sesiinae）。本书采用国际上比较公认的亚科划分，包括：线透翅蛾亚科（Tinthiinae）、准透翅蛾亚科（Paranthreninae）、透翅蛾亚科（Sesiinae）。

Heppner（1981）对前人及近代的透翅蛾科分类研究作了比较全面的概括和统计，全世界透翅蛾科已知 123 属，1063 种。

我国透翅蛾科研究大多已包括在上述有关学者的论著中。以往由国外昆虫学家鉴定的我国的透翅蛾有 61 种，包括：1758～1790 年 6 种，1829～1900 年 23 种，1906～1960 年 32 种。我国对该科的系统分类研究始于 20 世纪 70 年代后期，并发现了一批新透翅蛾。杨集昆、王音（1977～1994）陆续记述了 2 新属、11 新种、1 新记录；徐振国、金涛、刘小利（1981～1997）发表了 12 新种、2 新记录、3 新组合，从而结束了我国透翅蛾区系研究长期为国外垄断的历史。

三、经济重要性

众所周知，透翅蛾幼虫蛀害乔灌木和藤蔓植物的茎干（枝）、皮和根部，或多年生草本植物的茎、根，只发现 2 种可捕食蚧虫（Duckworth，1969）。我国林果树上有不少重要的透翅蛾优势种群，其幼虫为害常常是令人瞩目的。它不仅能影响树木的正常生长，而且可造致枝干风折、苗木断顶、材质工艺利用价值丧失，在国内是可与天牛、木蠹蛾齐名的三大林木钻蛀害虫类群之一，具有不容忽视的经济重要性。这方面的情况从以下害例就不难管窥一斑。

杨树是我国西北和西南地区的重要建群树种，在"三北"防护林建设中居突出地位，同时也是包括透翅蛾在内的多种钻蛀性害虫的嗜食对象。目前国内已报道蛀害杨树的透翅蛾有 4 种 3 亚种，均有程度不同的为害。据观察，白杨准透翅蛾（*Paranthrene tabaniformis* Rott.）广泛分布于我国西北、东北、华北、江苏、浙江等地，是北京郊区苗圃 1～2 年生杨树干部最重要的害虫，蛀害率高达 96.1%，受害的苗木由于顶芽受损而造成秃顶，或使枝干上产生瘤状虫瘿，并出现大量风折木，甚至引起整株死亡（杨有乾等，1957）。河北省涿鹿县沙岭子苗圃 1971 年共栽植 1500 株杨苗，到 1973 年调查时，发现其中 1043 株被白杨准透翅蛾蛀害，被害率达 69%，风折木 150 株，占受害株的15%（魏义民，1973）。此虫在陕西北起长城风沙沿线，南经黄龙山、桥山，直至秦岭山区等 37 个县（市）均有发生。西安市各苗圃的 2～3 年毛白杨被害率为 30.2%～42.7%（陕西省林业研究所，1973）。

杨干透翅蛾［*Sesia siningensis*（Hsu）］蛀害多种中幼龄杨树的基干或胸干，曾猖獗发生于山西、陕西、甘肃、青海、宁夏、内蒙古，发生面积达 40 余万亩*，严重受害的

---

* 1 亩 =1/15 hm² （公顷），下同。

树干，极易风倒、风折。如：1986 年 6 月 22 日在山西太谷县一场九级大风，刮倒全县 2.6 万余株北京杨，损失惊人（李镇宇等，1991）。陕北榆林等地的合作杨受害率最高达 96%，株虫口为 15 ~ 44 头，平均 31.8 头（榆林地区治沙研究所，1977）。青海高原东部杨干透翅蛾在西宁地区的为害情况是：1960 ~ 1964 年定植的青杨被蛀害指数，一般达 43% ~ 79%，准淘汰级以上的受害株率最高为 71.95%；1969 ~ 1973 年定植者，被蛀害指数为 19% ~ 49%。准淘汰级以上（即蛀孔片区的横宽达树干胸围 1/2 以上）的害株率最高为 20%。严重蛀害地段的杨树长势衰败、树皮残破、蛀孔毗连、木质异色，甚至濒于枯死（徐振国等，1984）。

此外，局部地区发生猖獗的杨树透翅蛾还有：花溪透翅蛾（*Sesia huaxica* Xu），分布在贵阳（花溪）、拉萨（主要集中在市区至哲蚌寺的公路干道两侧）。

檫兴透翅蛾（*Synanthedon sassafras* Xu）在江西、湖南为害檫木（*Sassafras tzumu* Hemsl.）。据江西农业大学沈光普教授介绍，铜鼓县的檫木由于受该种透翅蛾和根茎象甲的双重蛀害，在 1983 ~ 1984 年间被全部伐除，可见为害之严重。

美丽的南京玄武湖畔和中山路侧，广植薄壳山核桃 [*Carya illinoensis*（Wangenh.）K. Koch]，树形挺拔，风姿绰约，但近年来普遍被山胡桃透翅蛾（*Scasiba caryavora* Xu）蛀害，生长受抑，有碍观瞻。

栗透翅蛾 [*Scasiba rhynckioodes*（Butler）] 在山东发生颇广，幼虫喜蛀害板栗（*Castanea mollissima* Blume）果枝，常致干果减产 10% ~ 30%。日照市的万亩栗园在对此虫治理前，每年损失板栗 5 万公斤* 以上。10 年生以上的栗树，在干高 1m 以下有虫 10 头时，树冠一般无明显害状；有虫 30 头时，则新梢提早停止生长，叶片枯黄早落，部分大枝枯死；如达 50 头以上时，当年秋季即有整株枯死。

中国沙棘（*Hippophae rhamnoides* L. subsp. *sinensis* Rousi）是我国近年来大力开发的水保薪材树种，并具有医药、食品等多方面的利用价值。沙棘兴透翅蛾（*Synanthedon hippophae* Xu）在青海东部蛀害该树种的主干，对生长有明显影响，是值得有关部门予以重视的一种新害虫。

具有比较重要经济意义的其他透翅蛾种类还很多，如：苹果兴透翅蛾 [*Synanthedon hector*（Butler）]、栗兴透翅蛾（*Sy. castanevora* Yang et Wang）、榆兴透翅蛾（*Sy. ulmicola* Yang et Wang）、荔枝蜂透翅蛾（*Sphecasesia litchivora* Yang et Wang）、葡萄准透翅蛾 [*Paranthrene regalis*（butler）] 等，因限于篇幅有度，就不再一一览述了。

凡此上述种种透翅蛾的典型害例，皆说明了透翅蛾的经济重要性是不容置疑的。本书所研究的国内透翅蛾区系也当属不可或缺，对今后此虫的综合治理（包括检疫）将有重要的指导意义。

———————————

* 1 公斤 = 1kg（千克），下同。

四、成虫标本及其采集和制作

本研究所用的成虫标本，主要是承蒙中国科学院刘友樵教授，从上海昆虫研究所借来，采集年代为 1931～1982 年，具有十分珍贵的价值；其余部分是于立项后相继由野外采得，或为国内外馈赠。从标本的分布看，国内各陆地生态区都有一些代表种类。鉴于历史的原因，尚有部分标本流失在国外，而且年代久远，暂确无法收集，故这些种仅依据文献录述。

透翅蛾系日出性蛾类，除受意外骚扰的情况外，成虫不会出现于诱捕灯下，从而为采集带来许多实际困难。这在很大程度上也造成了该种昆虫在国内各地的馆藏标本寥疏，甚至有的地区完全空缺。为此，在下面简单介绍透翅蛾成虫的三种采集方法，以飨有兴趣于此科采集的从业同仁。

（1）直捕法：在成虫出现期的晴天，直接用捕虫网（管）捕捉正在停息或婚飞的成虫，通常要首先选定受蛀林木枝干上，有活动蛀孔和推至地面的新鲜蛀屑，以及有新羽化留在蛀孔外蛹壳的受害地段，作定点采集。于晴日上午至下午 4 时许，即可捕到刚羽化不久而尚未展翅飞离，或正在盘旋觅偶婚飞的成虫，每管 1 头，不要混装。携回室内逐一用醋酸乙酯麻醉致死，并当即展翅整姿，即可得到很完整成虫标本。有的透翅蛾成虫有访花习性，故采集时也要留心花丛。用此法采集虽然简单快捷，但捕捉机率小，偶然性大。同时由于成虫飞翔、停息常无定所，因而很难确定它的为害寄主。

（2）饲捕法：于成虫出现前，截取含有老熟幼虫或蛹的被害枝条，插入养虫笼内的湿沙中培养，直至成虫羽化。这是目前最常用的一种有效方法，其优点在于能准确地认定为害寄主，而且标本的完整性也比野外直接采集好。

（3）诱捕法：一项 20 世纪 70 年代末新兴的生物性信息素技术，我国于 20 世纪 80 年代即有成功的研制和实际应用。目前国内外从透翅蛾的雌性童蛾体内提取性信息素主要有 3，13-十八碳二烯基醋酸酯、3，13-十八碳二烯-1-醇，以及它们的 8 个同分异构体。不同的雄性透翅蛾对不同的性信息素或其异构体的反应也不同。在应用上，常把各种性信息素异构体配比成混合物制成多种性引诱剂，用以某些透翅蛾的防治、预测。美国最早将这项技术用于透翅蛾的区系和种群消长研究，有效地混配了 18 种性引诱剂，共诱得 7 属 22 种，其中有的单一异构体或配混剂也可同时诱得 2～3 种透翅蛾（Snow et al，1985）。李镇宇教授等（1991）在杨干透翅蛾性信息素研究也取得了同样结果，并准确地测定了顺 3，顺 13-十八碳二烯醇为杨干透翅蛾的性信息素。笔者曾采用了他们研制的性引诱剂诱捕，除杨干透翅蛾外，还先后诱得白杨准透翅蛾和凯叠透翅蛾（Scalarignathia kaszabi Capuse），可见混配后的性引诱剂的性信息范围比较广，可用此法诱采到更多种的透翅蛾，然而不足的是只能采到雄蛾。

用馆藏多年的干标本观察成虫外部特征时，定会碰到雄蛾虫体被渗油浸污的问题，使许多色饰很难辨别。可将受油污的干标本连同原来的标签一起，小心轻放至盛有二甲苯溶液的广口瓶内浸泡 24h，把油污浸提干净，就可使虫体外的色带（斑）等特征显现无遗。

关于标本制作。这里只谈谈玻片标本的制作方法和操作程序，特别是如何制好外生殖器玻片。以下采用的是刘友樵和沈光普教授介绍的方法：

（1）将需解剖的成虫标本进行编号，并按顺序取下腹部。供解剖的如是针插干标本，只要将腹面向上，用镊子从腹末轻轻向下一压，整个腹部就取下来了。若为新鲜标本，就用镊子夹住腹基部，稍用力即使腹基与胸部扯断。

（2）把取下的腹部按号放入试管内，倒入 10% 的 KOH（或 NaOH）5mL 左右，在室温下浸泡 12～24h，或把试管放到容器内水浴几分钟，视腹部透明，并下沉到了管底时为止。

（3）从溶液中取出腹部，用清水漂洗 1～2 次，放到存有 50%～75% 酒精的器皿中，在双筒解剖镜下用小毛笔或卡片条先刷去鳞毛，后从腹末向腹基部挤出其他腹内组织，再换 1～2 次 75% 酒精洗净。

（4）把洗净的腹部放入酸性染色液中染色（时间视染色液浓度和标本的易染程度定）。如染色过深，可放入 75% 酒精中退色。染好的腹部移至 95% 酒精再让它慢慢地退色，同时进行解剖。雌蛾可从第 7～8 腹节的腹膜周围撕开，注意不要弄断囊导管，并小心剥出交配囊，刺破囊膜挤出精包等杂物，只保留囊膜与囊突。雄蛾只需从腹末取出外生殖器，并将抱器片分开，用毛笔或纸条刷净。

（5）将洗净的腹部体壁和外生殖器移入 100% 酒精中脱水半小时，转入载有二甲苯的载玻片上，迅速整姿，必要时可用一块干净的载玻片往上压一下（这段时间不可使标本离开浸渍液，以免干燥损坏），尽量使其平展。用卡片纸剪成 20mm×40mm 的长方形纸片，在约 20mm 见方的一端中央打 1 个圆孔，再粘上一块 20mm×20mm 的盖玻片，把按上步骤制得的标本放在圆孔位置，滴上加拿大树胶，晾干后再用一块圆形或方形的盖玻片盖上即可。长方形卡片的下方可写标本号和鉴定学名，并将虫体的针插标本插在上面。其优点是外生殖器不离开原标本，便于携带、挪动。

成虫翅脉相及幼虫体壁毛序的玻片制作，均可参照以上介绍的方法。

第二章　形态简述

一、卵

透翅蛾卵多为椭圆形或中部略扁。长 0.7 ~ 1.5mm，宽 0.2 ~ 1.0mm。卵的顶部略凹陷，受精孔周围为花冠区，花冠区的形状及层次因种类的不同而有所差别，有的形似花瓣，有的为不规则多边菱形，层次为 1 ~ 3 层。蕊形棘有的种清楚，而有的不显。卵壳表面不平滑，多有纵横脊形成的多边形网状花纹（以四边形、五边形为多），有的种为纵向细纹，中部凹陷处带网纹（如杨干透翅蛾）。卵壳表面密布气孔，气孔间距及界线的有无，则因各种不一。（图 1 ~ 3）

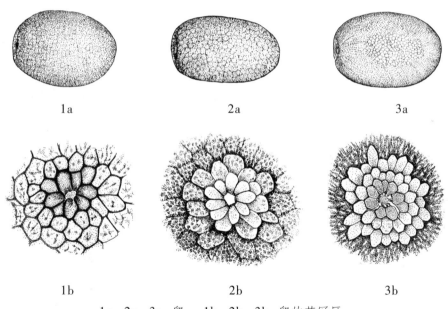

1a、2a、3a. 卵；　1b、2b、3b. 卵的花冠区

图 1 ~ 3　透翅蛾的卵

二、幼虫

白色蛀虫，下口式，除头壳及前胸盾、臀板呈暗褐色外，躯干其他部分乳白色，胸部宽度正常，不如天牛、吉丁幼虫那样明显扁宽。侧单眼 3 对，第 5 和第 6 侧单眼远离。胸足短；腹足 5 对，趾钩发达，单序双横带［羽角透翅蛾属（*Pennisetia*）的第 6 腹节趾钩退化］，臀足上为单横带。臀板背面末端有的具 1 ~ 2 枚小刺钩，如：透翅蛾属（*Sesia*）

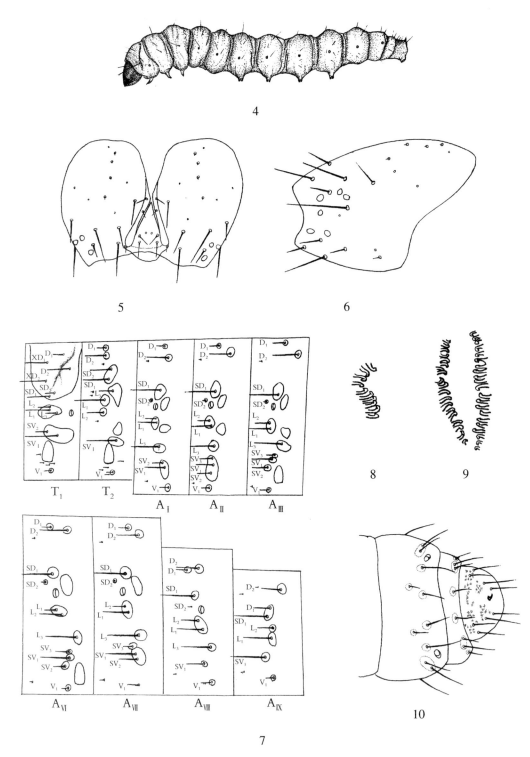

4. 幼虫；　5. 头壳毛序（正面观）；　6. 头壳毛序（侧面观）；　7. 体毛序；

8. 臀足趾钩；　9. 腹足趾钩；　10. 臀背刺钩

图 4～10　幼虫特征

常为 1 枚；蔓透翅蛾属的罗氏蔓透翅蛾［*Cissuvora romanovi*（Leech）］则为 2 枚。Fibiger 等认为（1974），鉴于对幼虫毛序尚缺乏充分研究，意见很不一致，故目前暂不宜采用毛序位置作为科的主要识别特征。但 Mackay（1968）提出的以下几点，虽在应用中也会出现一些差异，仍可在鉴别时予以参考：中后胸 L_1 着生于自己的毛片上，与 SD_1 和 L_2 的距离大约相等，其距 L_3 较距 SD_1 近，或较 L_2 到 L_1 的距离近，L_3 总是在其后上方；腹部第 1~8 腹节的 L_1 和 L_2 着生在同一毛片上。（图 4~10）

三、蛹

裸蛹，纺锤形。头顶有骨突，用以顶开茧口或蛀道的羽化孔。腹部第 3~6 节（及雄蛹第 7 节）可扭动，雌蛾第 2 节具刺 1 列（罕见有 2 列者），第 3~6 节（及雄蛹第 7 节）具刺 2 列，第 7~9 节（及雄蛹第 8 节）具刺 1 列。腹第 7 节上的刺列数，是识别透翅蛾性别的简便特征（Kemner，1922）。腹末端有环状排列的臀棘。（图 11~13）

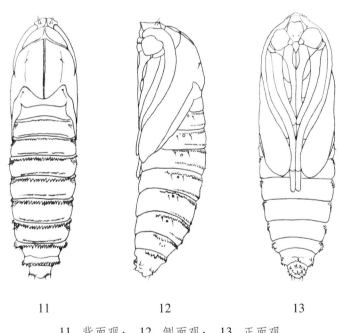

11　　　　12　　　　13

11. 背面观；　12. 侧面观；　13. 正面观

图 11~13　蛹

四、成虫

透翅蛾是中至小型似蜂的蛾类，日出性，前翅长约 5~30mm。（图 14~25）

头部　一般有平伏的鳞毛（片）。喙光裸，有的退化；下颚须微小，或退化；下唇须基、中节常有丛立的鳞毛，端节较短，一般光滑。触角棒状、栉状，顶端有小毛束；

有的为丝状，则无顶端小毛束。透翅蛾亚科和准透翅蛾亚科成虫头部在 2 个单眼后缘之间有 1 列原生刚毛（Chaetosemata），线透翅蛾亚科则没有这一特征（Heppner, 1981）。

胸部　背腹面暗色，大多有不同的色纹（斑）。足较细长，常有较醒目色饰，特别

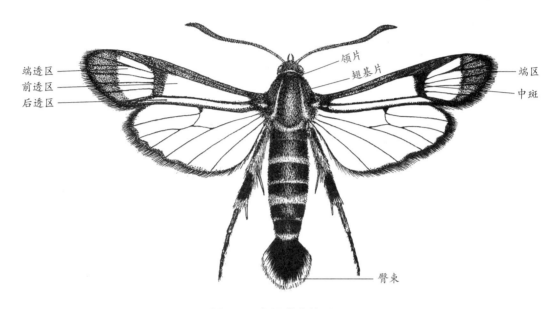

图 14　常见成虫外形图

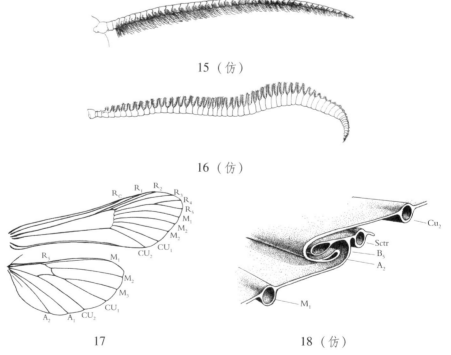

15（仿）

16（仿）

17　　　　　　　　　　　　　18（仿）

15. 线状触角；　16. 棒状触角；　17. 翅脉；　18. 前、后翅联锁结构

图 15～18　成虫特征

是后胫节一般多长毛（刺）并有彩纹。有的属具有极长的后跗节。

翅　前翅狭长，具翅缰1枚，前缘基部向下摺，与后翅前缘彼此反扣形成翅联锁器。一般多少有些透明区，但翅缘和脉纹被有鳞片。典型的翅面各特征部位是：中室外端常具中斑（Discal spot），其外至端区内缘为端透区（ETA），前透区（ATA）和后透区（PTA）分别位于肘脉前后。各区（斑）的有无、大小、色泽、形状，都在分类上有用。后翅大部透明，中斑很小或消失。

腹部　多深色，背腹面常有红、黄、白等纹饰，雄蛾一般有发达的臀束。

雄性外生殖器　爪形突（Uncus）与背兜有明显分界或融合成复合体，有的末端有发达的香鳞帚（Scopula androconalis），或密着长毛；其两侧为尾突（Soeii）；后缘两角或复合体中部常有颚形突（Gnathos），但线透翅蛾亚科无此征。抱器片（Valvae）片状，形状各异，有的散生单刚毛，有的在端部和中部生有毛簇。在较进化的种类中，抱器片具抱器腹脊（Crista sacculi），上着刺毛列（点）；有的则无此脊，而在抱器片周缘密生长毛，同时基背部的感觉毛端特化为扇掌状。有的抱器具大片顶端呈叉状的感觉毛区；有的属在抱器腹脊与感觉毛区间具1条细的界脊。与抱器片和背兜的基部相连的环状结构，称基腹弧（Vinculum），由其腹面中央延伸出的囊形突（Saccus）长短与形状因虫种而异。肛管（Anellus）膜质，常有腹骨片，用以支撑阳茎（Aedeagus）。阳茎多呈管状，有的基部膨大，阳端膜常具刺，内有散生的颗状物。

雌性外生殖器　较雄性的简单。常用的分类特征有：产卵瓣和前、后表皮突、交配孔、囊导管、交配囊、囊突大小、形状等。

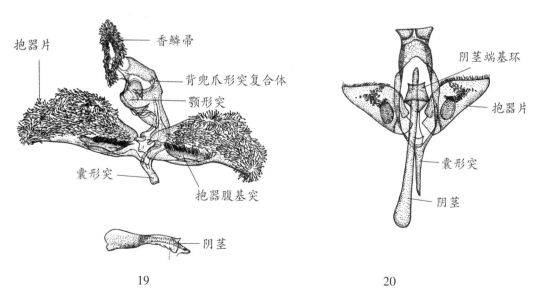

19. 兴透翅蛾属；　20. 举肢透翅蛾属

图 19～20　雄性外生殖器类型（1）

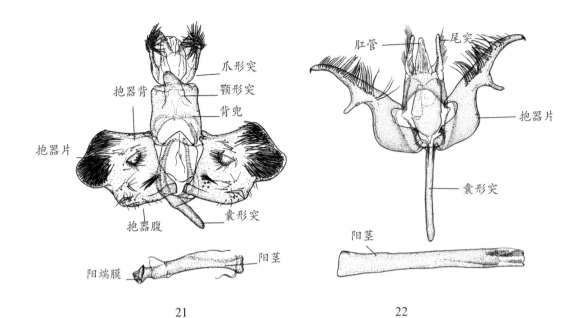

21. 透翅蛾属；　22. 长足透翅蛾属

图 21~22　雄性外生殖器类型（2）

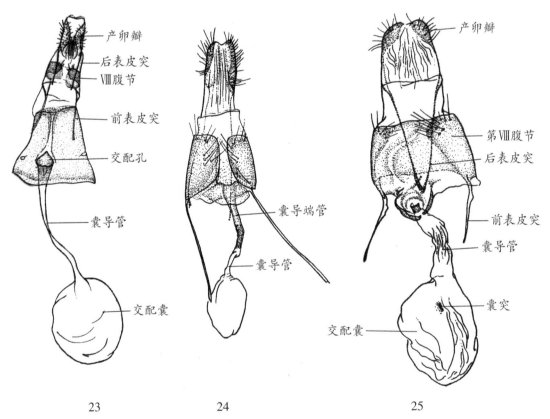

23. 长足透翅蛾属；　24. 兴透翅蛾属；　25. 透翅蛾属

图 23~25　雌性外生殖器

第三章　生物学特性

一、生活史及习性

成虫多呈蜂状拟态，白天活动，大多具喙，是访花或吸食寄主残伤溢汁的种类，一般成活约1周左右。卵多产于树皮缝隙，或靠近寄主的地表。幼虫营钻蛀生活，就虫种的生活周期而异，在寄主上蛀道内越冬1次或2次，或1年2代。长周期的种类一般都有年群演替现象。老熟幼虫有在蛀道内作茧或直接化蛹。羽化前，蛹扭动伸出羽化孔。成虫飞逸后，羽化孔外遗留大半截蛹壳。

国内现有的透翅蛾生物学记述主要有以下6种：

1. 白杨准透翅蛾 *Paranthrene tabaniformis* Rott.

广布型种。据杨有乾（1980）报导，该种国内分布于西北、华北、华东等省区，国外分布于欧洲、北美、日本。为害多种杨树和柳树，为害常使侧枝徒长，形成主枝秃梢，尤其是在苗木上产生虫瘿，可随之传播到新区。该种的生活周期，如图26（杨有乾）。

月／旬／年	1 上	中	下	2 上	中	下	3 上	中	下	4 上	中	下	5 上	中	下	6 上	中	下	7 上	中	下	8 上	中	下	9 上	中	下	10 上	中	下	11 上	中	下	12 上	中	下
1954																			–	–	–	–	–	–	–	–	–	–	–	–	–	–	–	–	–	–
1955	–	–	–	–	–	–	–	–	–	–	–	–	–	–																						
													⊖	⊖	⊖	⊖	⊖	⊖																		
															+	+	+	+	+	+															
															○	○	○	○	○	○															
																		–	–	–	–	–	–	–	–	–	–	–	–	–	–	–	–	–	–
									▬	▬	▬	▬	▬	▬	▬	▬	▬	▬	▬	▬	▬	▬	▬	▬	▬	▬									

注：○卵；–幼虫；⊖蛹；+成虫；▬为害时期

图26　白杨准透翅蛾生活史（北京）

　　该种在河北、河南、陕西每年 1 代，幼虫在枝干蛀道内越冬，翌年 5 月底至 6 月初开始化蛹，成虫于 6 月底至 7 月初进入羽化盛期。成虫一般在上午 8 时至下午 3 时羽化，白天常在林缘或林间疏地活动交尾。雌蛾羽化后，当日即交尾产卵，时间多在上午 10 时至下午 3 时。卵一般产于 1～2 年生幼树叶柄基部或树皮裂缝内，卵期一般在 10 天左右。产卵位置与枝干粗糙与否，以及其绒毛多少有关。银白杨和毛白杨被害特别严重，就是因为其枝干较粗糙，而绒毛较多的缘故。

　　初孵幼虫有的直接侵入树皮下，有的迁移到嫩叶的叶腋上，从伤口或旧虫孔内蛀入。如在嫩芽上，能蛀破整个组织，使嫩芽枯落。在侧枝或主干上，即钻入皮下，钻蛀虫道形成瘿瘤。细枝干被害，常造成倒折；蛀害粗枝时，仅蛀食半周，即钻入心材，蛀成纵蛀道。蛀道都是从侵入孔向上方开凿，每个蛀道内 1 头幼虫。蛀道长 20～100mm，越冬前，幼虫于蛀道末端吐少量丝缕作薄茧入蛰，翌年春继续为害。幼虫老熟，即吐丝结缀蛀屑封闭羽化孔，并将蛹室下部用蛀屑堵死。羽化时蛹体穿过蛀道内填塞的蛀屑，把约 2/3 部分伸出羽化孔，并将成虫羽化后的半截蛹壳遗留在羽化孔外。

2. 杨干透翅蛾 *Sesia siningensis*（Hsu）

　　为害杨树干部，在青海东部 2 年 1 代，幼虫越冬 2 次，跨经 3 个年度。成虫分主、附两组分别于 8 月和 6 月盛发，主组羽化量约占全年度总羽化数的 80% 左右。幼虫早期蛀侵主要集中在 7 月中、下旬和 9 月下旬至 10 月中旬。幼虫计有 8 龄，其生长的直线回归方程是：$Y_{(mm)} = 0.617X - 0.225$，r = 0.988。幼虫龄次与头壳宽的关系，见表 1。当年蛀侵后可长至 1～4（5）龄，第 2 年长至 6～8 龄，在木质边材部分造成"L"形蛀道，每蛀道一头幼虫，于第 3 年度相继在蛀道中作茧化蛹、羽化。老龄幼虫蛀道长 94.2 ± 2.63mm，宽径 14.8 ± 1.29mm，蛀入深度 42.5 ± 2.1mm。因有年群演替现象，故每年都有一批成虫和初孵幼虫出现。（图 27）

表 1　幼虫龄次与头宽

龄次	头数（头）	头宽实测均值 ± 标准误（mm）	理论头宽均值（mm）
1	79	0.457 ± 0.014	0.392
2	52	0.973 ± 0.028	1.009
3	58	1.624 ± 0.025	1.626
4	46	2.176 ± 0.027	2.243
5	38	2.766 ± 0.031	2.860
6	78	3.600 ± 0.027	3.477
7	95	4.167 ± 0.019	4.094
8	32	4.650 ± 0.014	4.711

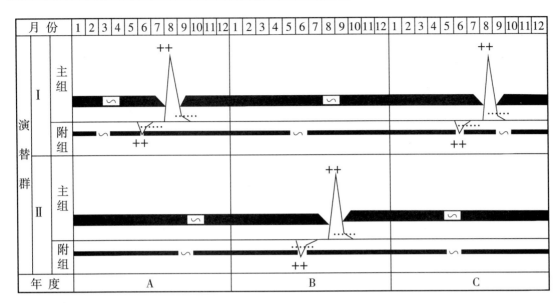

注：⋀⋁成虫；……卵；∽幼虫；+蛹

图27 杨干透翅蛾生活周期及群体演替

成虫羽化时刻多在 8~16 时，占日羽化量的 84.85%，且以 10~14 时最集中。羽化时，蛹的前半部顶出蛀孔外的树皮，蛹腹朝上，然后成虫即蜕壳而出，将半截蛹壳露在树干上。接着，成虫很快就弯向树皮迅速向上爬，至不远处静停片刻，翅芽始张；当全翅平覆舒展后，即将双翅突然竖立，旋即再平覆展开，并作急剧振颤，排射腹中羊水，才逸然飞离。全程为 70~100min，易捕捉。成虫两性之间有明显的性引诱现象（已前述），20~21 时为性信息的主要反应时段（李镇宇等，1988）。

胸径 17.77（±4.42）cm，树龄约 10 年左右的四旁青杨最易遭蛀害；树干胸高 1m 以内和树冠基部的分枝点附近，雌蛾产卵最多，故蛀害也最严重。（图28）

此虫在陕北（榆林等地）主要蛀害杨树干基，成虫 8~9 月羽化，没有在青海于 6 月份出现的附组群。青海高原之

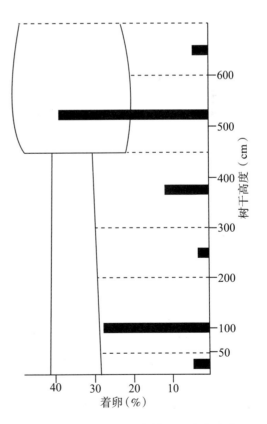

图28 杨干透翅蛾在树干上产卵分布

（西宁）（1979）

所以有附组成虫产生，显然是由于地势高寒，使年内发生较晚的一小部分虫体因有效积温不够，当年不能正常完成系统发育，而要延至翌年上半年才羽化，故形成特有的主附组发生型。（图29）

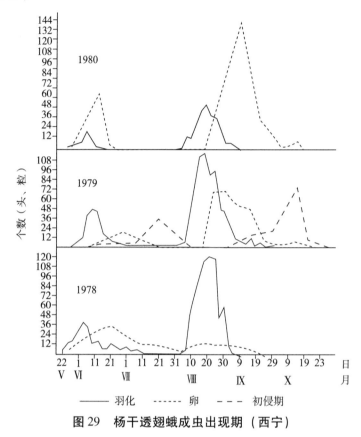

图29　杨干透翅蛾成虫出现期（西宁）

3. 檫兴透翅蛾 *Synanthedon sassafras* Xu

在江西铜鼓1年2代，大多以老熟幼虫越冬。越冬幼虫于翌年3月上中旬开始取食，5月初始蛹，5月中下旬化蛹盛期，5月下旬开始羽化，6月上中旬羽化盛期。第1代幼虫于6月中旬始孵，6月下旬至7月初盛孵，7月下旬始蛹，8月中旬羽化产卵。第2代幼虫9月初始孵，9月中旬盛孵，12月下旬进入越冬。

初孵幼虫从树皮裂缝蛀入，然后蛀食韧皮部，在蛀入孔可见到黄褐色蛀屑。幼虫蛀道最长达340mm，最宽达25mm，最深16mm。幼虫老熟后，在排屑孔附近的木质部咬出1个椭圆形羽化孔，并在边材附近作1个长方形蛹室，同时结缀纺锤状茧，在其中化蛹。成虫羽化后，蛹基的2/3部分露在树干上。羽化时刻一般在上午9~11时，自然羽化率约70%左右。成虫白天活动，夜间停息在树干或叶背，羽化后当天即交尾产卵。卵多产于老蛀道旁或树皮裂缝。每头雌蛾可产卵100余粒，卵主要分布在树干胸段高1m以内，少数高至2m以上。成虫平均成活3~4天（铜鼓县林科所，1982）。

4. 板栗兴透翅蛾 *Sysnanthedon castanevora* Yang et Wang

在河北迁西1年2代，以3~5龄幼虫在原蛀害处结茧越冬。其生活史如图30。

月	1~3	4	5	6	7	8	9	10	11	12
旬 世代	上中下	上中下	上中下	上中下	上中下	上中下	上中下	上中下	上中下	上中下
越冬代	⊖⊖⊖ 	－ － － ○ ○	－ － － ○ ○ ○ ＋ ＋ ＋	－ ○ ○ ＋ ＋ ＋						
第一代			＊＊＊＊＊ 	＊＊＊＊＊＊ －	－ － － ○ ○	－ － － ○ ○ ○ ＋ ＋ ＋	＋			
第二代					＊ 	＊＊＊＊＊＊＊ － －	＊＊ － － －	－ － －	－ ⊖⊖ 	⊖⊖⊖

注：⊖越冬幼虫；－幼虫；○蛹；＋成虫；＊卵

图30　板栗兴透翅蛾生活史（河北迁西）

该种卵产于主枝粗皮裂缝。幼虫孵后由伤口、裂缝处侵蛀，并吐丝粘连蛀屑堵住入侵口，然后取食皮下组织，继而形成片状蛀道。栗树被害初时，树皮鼓起并泛红色，从皮缝中可见很细的褐色蛀屑、虫粪，随之树皮纵裂。一个虫疤内一般有幼虫4~5头，多则20余头。幼虫11月上旬作茧越冬。越冬后幼虫出蛰取食阶段是该种蛀害最重的时期。

成虫一般上午10~11时羽化，从离开蛹壳至飞翔约25min。成虫白天活动，每雌平均产卵100余粒，可存活8天左右（雄为5天左右）。

5. 栗透翅蛾 *Scasiba rhynchioides*（Butler）

该种在山东（泰山、日照、沂蒙）1年1代，少数2年1代。多以2龄幼虫在栗树枝干老皮下越冬，翌年2月底至3月初开始活动，7月中旬老熟化蛹，8月中旬至9月下旬成虫出现，并产卵，8月下旬至10月中旬幼虫孵化。幼虫开始蛀害时，爬至原蛀道一端向上下纵向为害，主要取食树皮新生组织，少数作横向蛀食。新被害处呈黄褐色。至4月蛀道加宽，大部分斜向皮层深处蛀害，少数幼虫已蛀至木质部，有些蛀道互相连通。5~6月蛀害逐渐加剧，至7月蛀量猛增，蛀道达（100~150）mm×（10~25）mm。

幼虫作茧化蛹前，停止取食，在树皮上咬出不易发现的一个直径5~6mm的圆形羽化孔，即作茧化蛹，并于23~25天后羽化为成虫。成虫由蛹壳蜕出后1~2h即飞离。羽化时刻在 6~18 时，以 9~10 时最盛。雌蛾孕卵 600~700 粒，卵多产在粗皮裂缝，树干下部产卵占 50%~55%，中部 35%~40%，上部占 5%~10%（王云尊等，1980）。

6. 津兴透翅蛾 *Synanthedon unocingulata* Bartel

幼虫为害西府海棠、苹果的枝干。此种在天津 1 年 1 代，以幼虫在树皮下隧道中的薄茧内越冬，翌年 5 月中旬化蛹，5 月下旬成虫开始羽化，6 月上旬进入羽化盛期。6 月中旬幼虫开始孵化。幼虫化蛹期及成虫羽化期均长达 1 个月。成虫羽化以 7~10 时最多，约占日羽化量的 80%；羽化后，树干留有半截蛹壳。产卵多在 10~15 时，多散产于树干胸段 1.5m 以下的树皮上，每雌产卵 203~290 粒。幼虫主要取食树皮下嫩组织，蛀道与树干平行，深 3~4mm，长约 50mm，宽约 8mm。

二、食性

透翅蛾的寄主植物比较杂，现综合欧亚文献记载，将寄主植物的科、属名分列如下表2。

表 2　透翅蛾的寄主植物

寄主科、属名	有为害记载的透翅蛾属名
山毛榉科 Tagaceae	
栎属 *Quercus*	兴透翅蛾属 *Synanthedon*
	准透翅蛾属 *Paranthrene*
	台透翅蛾属 *Scasiba*
栗属 *Castanea*	台透翅蛾属 *Scasiba*
山毛榉属 *Fagus*	兴透翅蛾属 *Synanthedon*
桦木科 Betulaceae	
桦木属 *Betula*	兴透翅蛾属 *Synanthedon*
桤属 *Alnus*	兴透翅蛾属 *Synanthedon*
鹅耳枥属 *Carpinus*	兴透翅蛾属 *Synanthedon*
榛属 *Corylus*	兴透翅蛾属 *Synanthedon*
胡桃科 Julandaceae	
胡桃属 *Juglans*	兴透翅蛾属 *Synanthedon*
山胡桃属 *Carya*	台透翅蛾属 *Scasiba*
柽柳科 Tamaricaceae	
柽柳属 *Tamarix*	台透翅蛾属 *Scasiba*

（续）

寄主科、属名	有为害记载的透翅蛾属名
杨柳科 Salicacae	
杨属 *Populus*	透翅蛾属 Sesia
	准透翅蛾属 Paranthrene
	兴透翅蛾属 Synanthedon
柳属 *Salix*	兴透翅蛾属 Synanthedon
樟科 Lauraceae	
檫属 *Sassafras*	兴透翅蛾属 *Synanthedon*
醋栗科 Ribesiaceae	
醋栗属 *Ribes*	兴透翅蛾属 *Synanthedon*
槭树科 Aceraceae	
槭树属 *Acer*	兴透翅蛾属 *Synanthedon*
七叶树科 Hippocastanaceae	
七叶树属 *Aesculus*	兴透翅蛾属 Synanthedon
卫矛科 Celastraceae	
卫矛属 *Evonymus*	兴透翅蛾属 *Synanthedon*
鼠李科 Rhamnaceae	
鼠李属 *Rhamnus*	兴透翅蛾属 *Synanthedon*
柿科 Ebenaceae	
柿属 *Diospyros*	兴透翅蛾属 Synanthedon
	△　圣透翅蛾属 *Sannina*
	兴透翅蛾属 *Synanthedon*
桑寄生科 Loranthaceae	
槲寄生属 *Viscum*	兴透翅蛾属 *Synanthedon*
	准透翅蛾属 *Paranthrene*
	△　粉红透翅蛾属 *Carmenta*
旋花科 Convolvulaceae	
玄参科 Scrophulariaceae	
毛蕊花属 *Verbascum*	△　帕透翅蛾属 *Penstemonia*
旋花属 *Convolvulus*	小蜂透翅蛾属 *Microsphecia*
	基透翅蛾属 *Chamaesphecia*
唇形科 Lamiaceae	
Ballota 属	基透翅蛾属 *Chamaesphecia*

（续）

寄主科、属名	有为害记载的透翅蛾属名
水苏属 Stachys	基透翅蛾属 Chamaesphecia
欧夏至草属 Marrubium	基透翅蛾属 Chamaesphecia
薄荷属 Mentha	基透翅蛾属 Chamaesphecia
牛至属 Origanum	基透翅蛾属 Chamaesphecia
丹参属 Salvia	基透翅蛾属 Chamaesphecia
半日花科 Cistaceae	
半日花属 Helianthemum	基透翅蛾属 Chamaesphecia
大戟科 Euphorbiaceae	
大戟属 Tithymalus	基透翅蛾属 Chamaesphecia
牻牛儿苗科 Geraniaceae（注：食性一般）	
老鹳草属 Geranium	兴透翅蛾属 Synanthedon
豆科 Leguminisae	△ 粉红透翅蛾属 Carmenta
	基透翅蛾属 Chamesphicia
岩黄蓍属 Hedysarum	纹透翅蛾属 Bembecia
槐属 Sophora	纹透翅蛾属 Bembecia
绒毛花属 Anthyllis	纹透翅蛾属 Bembecia
芒柄花属 Ononis	纹透翅蛾属 Bembecia
驴豆属 Onobrychis	纹透翅蛾属 Bembecia
染料木属 Genista	纹透翅蛾属 Bembecia
Corothamnus 属	纹透翅蛾属 Bembecia
Chamaecytisus 属	纹透翅蛾属 Bembecia
荆豆属 Ulex	纹透翅蛾属 Bembecia
黄芪属 Astragalus	纹透翅蛾属 Bembecia
骆驼刺属 Alhagi	纹透翅蛾属 Bembecia
Acanthyllis 属	纹透翅蛾属 Bembecia
牛角花属 Lotus	纹透翅蛾属 Bembecia
胡颓子科 Eleagnaceae	
沙棘属 Hippophae	准透翅蛾属 Parathrene
	兴透翅蛾属 Synanthedon
忍冬科 Caprifoliaceae	
荚蒾属 Viburnum	兴透翅蛾属 Synanthedon

（续）

寄主科、属名	有为害记载的透翅蛾属名
忍冬属 *Lonicera*	兴透翅蛾属 *Synanthedon*
蔷薇科 Rosaceae	
苹果属 *Malus*	兴透翅蛾属 *Synanthedon*
梅属 *Prunus*	兴透翅蛾属 *Synanthedon*
樱属 *Cerasus*	兴透翅蛾属 *Synanthedon*
花楸属 *Sorbus*	兴透翅蛾属 *Synanthedon*
枇杷属 *Eribotrya*	兴透翅蛾属 *Synanthedon*
蔷薇属 *Rosa*	羽角透翅蛾属 *Pennisetia*
悬钩子属 *Rubus*	羽角透翅蛾属 *Pennisetia*
	绒透翅蛾属 *Trichocerota*
委陵菜属 *Potentilla*	小蜂透翅蛾属 *Micrsphecia*
虫莲属 *Poterium*	△ 共透翅蛾属 *Synansphecia*
蓼科 Polygonaceae	
酸模属 *Rumex*	△ 红翼透翅蛾属 *Pyropteron*
	纹透翅蛾属 *Bembecia*
	△ 共透翅蛾属 *Synansphecia*
蓝雪科 Plumbaginaceae	
海石竹属 *Armeria*	△ 共透翅蛾属 *Synansphecia*
	纹透翅蛾属 *Bembecia*
补血草属 *Limonium*	△ 共透翅蛾属 *Synansphecia*
金丝桃科 Hypericaceae	
金丝桃属 *Hypericum*	基透翅蛾属 *Chamesphecia*
榆科 Ulmaceae	
榆属 *Ulmus*	兴透翅蛾属 *Synanthedon*
	举肢透翅蛾属 *Heliodinesesia*
桑科 Moraceae	△ 粉红透翅蛾属 *Carmenta*
桑属 *Morus*	桑透翅蛾属 *Paradoxecia*
柏科 Cupressaceae	
刺柏属 *Juniperus*	兴透翅蛾属 *Synanthedon*
Pomaceae 科（多种）	兴透翅蛾属 *Synanthedon*

（续）

寄主科、属名	有为害记载的透翅蛾属名
葡萄科 Vitaceae	△　白透翅蛾属 *Albuna*
	△　葡萄透翅蛾属 *Vitacea*
葡萄属 *Vitis*	准透翅蛾属 *Paranthrene*
	蔓透翅蛾属 *Cissuvora*
葫芦科 Cucurbitaceae	
栝楼属 *Trichosanthes*	毛足透翅蛾属 *Melittia*
绞股蓝属 *Gynostemma*	毛足透翅蛾属 *Melittia*
盒子草属 *Actinostemma*	长足透翅蛾属 *Macrosceliesia*
紫草科 Boraginaceae	△　粉红透翅蛾属 *Carmenta*
	△　艾透翅蛾属 *Idiopogon*
	兴透翅蛾属 *Synanthedon*
	翠透翅蛾属 *Trilochana*
	珍透翅蛾属 *Zenodoxus*
菊科 Compositae	△　粉红透翅蛾属 *Carmenta*
	△　晶透翅蛾属 *Hymenoclea*
锦葵科 Malvaceae	珍透翅蛾属 *Zenodoxus*
紫树科 Nyssaceae	兴透翅蛾属 *Synanthedon*
柳叶菜科 Oenotheraceae	△　白透翅蛾属 *Albuna*
木犀科 Oleaceae	△　蒴透翅蛾属 *Podosesia*
柳叶菜科 Onagraceae	△　白透翅蛾属 *Albuna*
	△　尤透翅蛾属 *Euhagena*
松科 Pinaceae	兴透翅蛾属 *Synanthedon*
悬铃木科 Platanaceae	兴透翅蛾属 Synanthedon
蓝雪科 Plumbaginaceae	纹透翅蛾属 *Bembecia*
花荵科 Polemaniaceae	兴透翅蛾属 *Synanthedon*
毛茛科 Ranunculaceae	△　阿透翅蛾属 *Alcathoe*
檀香科 Santalaceae	△　粉红透翅蛾属 *Carmenta*
茄科 Solanaceae	兴透翅蛾属 *Synanthedon*
木兰科 Magnoliceae	
木兰属 *Magnolia*	兴透翅蛾属 *Synanthedon*

注：标"△"的透翅蛾属，我国暂未发现。无中文译名的植物为我国尚无记录的科属。

我国透翅蛾中有经济重要性的种类，一般都是林果树害虫，已知寄主的主要有 10 属。

（1）羽角透翅蛾属 *Pennisetia* Dehne

　　树莓透翅蛾 *P. hylaeiformis*（Laspeyres）

　　　寄主：悬钩子 *Rubus idaeus*

　　赤胫透翅蛾 *P. fixseni*（Leech）

　　　寄主：悬钩子 *Rubus* sp.

（2）蔓透翅蛾属 *Cissuvora* Engelhardt

　　罗氏蔓透翅蛾 *C. romanovi*（Leech）

　　　寄主：葡萄 *Vitis* spp.

（3）线透翅蛾属 *Tinthia* Walke

　　异线透翅蛾 *T. varipes* Walker

　　　寄主：构树 *Broussonetia papyrifera*

（4）准透翅蛾属 *Paranthrene* Hübner

　　白杨准透翅蛾 *P. tabaniformis*（Rottemburg）

　　　寄主：杨 *Populus* spp.，柳 *Salix* spp.，沙棘 *Hipophae rhamnoides*

　　葡萄准透翅蛾 *P. regalis*（Butler）

　　　寄主：葡萄 *Vitis vinifera* L.，*V. labruscana*，*V. thunbergii* Sieb. et Zucc.

　　寒准透翅蛾 *P. pernix*（leech）

　　　寄主：*Paederia chinensis*

　　日准透翅蛾 *P. yezonica* Matsumura

　　　寄主：*Ampelopsis heterophylla* Sieb. et Zucc.，*Vitis thunbergii* Sieb. et Zucc.

　　猕猴桃准透翅蛾 *P. actinidiae* Yang et Wang

　　　寄主：猕猴桃 *Actinidia* spp.

（5）毛足透翅蛾属 *Melittia* Hübner

　　日毛足透翅蛾 *M. nipponica* Arita et Yata

　　　寄主：栝楼 *Trichosanthes* spp.

　　墨脱毛足透翅蛾 *M. bombiliformis* Cramer

　　　寄主：日本栝楼 *Trichosanthes dirilowii*

（6）透翅蛾属 *Sesia* Fabricius

　　杨大透翅蛾 *S. apiformis*（Clerck）

　　　寄主：杨 *Populus* spp.

　　杨干透翅蛾 *S. siningensis*（Hsu）

　　　寄主：杨 *Populus* spp.，柳 *Salix* spp.

　　花溪透翅蛾 *S. huaxica* Xu

　　　寄主：杨 *Populus* spp.

（7）兴透翅蛾属 *Synanthedon* Hübner

板栗兴透翅蛾 *Sy. castanevora* Yang et Wang

　　寄主：板栗 *Castanea mollissima* Blume

榆兴透翅蛾 *Sy. ulmicola* Yang et Wang

　　寄主：榆 *Ulmus pumila* L.

黑豆兴透翅蛾 *Sy. tipuliformis*（Clerck）

　　寄主：黑穗醋栗 *Ribes nigurum* L.，*Euonymus europaea*

苹果兴透翅蛾 *Sy. hector*（Butler）

　　寄主：梅属 *Prunus*，苹果属 *Malus*，Chaenomelessinensis Koehne，鸡爪槭 *Acer palmaturn* Thunb，柿 *Diospyros kaki* Thunb.

玉带兴透翅蛾 *Sy. tenuis*（Butler）

　　寄主：柿 *Diospyros kaki* Thunb.

海棠兴透翅蛾 *Sy. haitangvora* Yang

　　寄主：西府海棠 *Malus micromalus*

蚊态兴透翅蛾 *Sy. culiciformis*（L.）

　　寄主：桦 *Betula* sp.

栎兴透翅蛾 *Sy. quercus*（Mats.）

　　寄主：栎 *Quercus* spp.，*Shiia cuspidata* Makine，Shiia sp.

檫兴透翅蛾 *Sy. sassafras* Xu

　　寄主：檫木 *Sassafras tzumu* Hemsl.

遂昌兴透翅蛾 *Sy. suichangana* Xu et Jin

　　寄主：甜槠 *Castanopsis eyrei*（Champ. et Benth.）Tutch.，白栎 *Quercus fabri* Hance

厚朴兴透翅蛾 *Sy. magnoliae* Xu et Jin

　　寄主：凹叶厚朴 *Magnolis officialils* Rehd. et Wils.

津兴透翅蛾 *Sy. unocingulata* Bartler

　　寄主：西府海棠 *Malus micromalus*

沙棘兴透翅蛾 *Sy. hippophae* Xu

　　寄主：中国沙棘 *Hippophae rhamnoides* subsp. *sinensis* Rousi

（8）纹透翅蛾属 *Bembecia* Hübner

踏郎纹透翅蛾 *B. hedysari* Wang et Yang

　　寄主：踏郎 *Hedysarum furxicosum* Pall. var. laeve（Maxim.）H. C. Fu.

苦豆纹透翅蛾 *B. sophoracola* Xu et Jin

　　寄主：苦参 *Sophora flavescens* var. galegoides Hemsl.

花棒纹透翅蛾 *B. ningxiaensis* Xu et Jin

　　寄主：花棒 *Hedysarum scoparium* Fisch，et Mey.

（9）基透翅蛾属 *Chamaesphecia* Spuler

大戟基透翅蛾 *Ch. schroederi* Tosevski

　　寄主：乳浆大戟 *Euphorbia esula*，*E. linifolia*

（10）蜂透翅蛾属 *Sphecosesia* Hampson

　　荔枝蜂透翅蛾 *Sp. litchivora* Yang et Wang

　　　寄主：荔枝 *Litchi chinensis* 等。

三、天敌

已知的天敌甚少，有待系统调查。

（1）透翅蛾绒茧蜂 *Apanteles conopiae* Watanabe

　　寄主：透翅蛾老熟幼虫。在青海西宁的杨干透翅蛾被寄生率20%左右。

（2）绒茧蜂 *Apanteles* sp.

　　寄主：在江西铜鼓寄生檫兴透翅蛾幼虫，达30%左右。在河北寄生板栗兴透翅蛾幼虫约17%。

（3）金色赖斯寄蝇 *Leskia aurea* Fall.

　　寄主：在河北寄生板栗兴透翅蛾幼虫10%~24%。

（4）中华棱角肿腿蜂 *Goniozus sinicus* Xiao et Wu

　　寄主：在河北寄生板栗兴透翅蛾幼虫1%~2%。

（5）球孢白僵菌 *Beauveria bassiana*（Balsamo）Vuillemin

　　寄主：透翅蛾幼虫、蛹。在西北地区只有零星发生。

（6）病原线虫 *Stemernema bibionis*，*S. feltiae*

　　寄主：透翅蛾幼虫。

四、防治

对为害林木的透翅蛾，可采用以下防治方法。

1. 实行苗木检疫

有的透翅蛾幼虫、蛹可能随林木苗木引进或外传，故一定要认真做好检疫工作，以防人为传播。目前国内山西、甘肃等省已将杨干透翅蛾等列为检疫对象。

2. 加强营林管护

透翅蛾多发生于城镇周围，以及人畜活动比较频繁的交通干道两侧或林缘，因而具有城市昆虫的某些属性。通过营林措施，增强树势，减少人为机械伤害，是抑制透翅蛾发生的有效方法，并在害虫建群早期注意管护，加大治理的力度，及时地进行力所能及的堵虫孔，除虫枝等人工作业，把虫口监控在最低发生的水平。

3. 营选抗性树种

透翅蛾的食性范围一般都比较窄，不同的寄主间（种或亚种），往往对其幼虫的生长发育，乃至存活，会造成明显影响，也就是说寄主树种常常表现出一定的抗性。如在我国西北杨干透翅蛾嗜食青杨派杨树，而白杨派的不少杨树树种都表现出程度不同的抗性。对不同的透翅蛾选择相应的抗性经济林木，这无疑是值得经营者注意利用的一个重要治理途径。

4. 利用性引诱剂诱捕交配前的雄蛾

这是一项新兴治理技术，已于前述。目前主要用于透翅蛾的种群动态研究、虫情测报和标本采集等方面，大规模用在防治的实例很少。但极有开拓利用前景，特别是从无公害治理的角度考虑，预计这项实用技术将会越来越受到关注。我国山西、甘肃等省近年来连续 4 年大面积应用杨干透翅蛾性引诱剂，使交配率下降分别达 42.8% ~ 47.6% 和 28.1% ~ 96.5%；连续 3 年诱蛾后虫口密度下降 38.2%，率先作出了成功的范例。另例是：黑龙江西部用上海昆虫所研制的白杨准透翅蛾性诱剂（反 – 3 顺 – 13 + 18 碳二烯醇），诱杀雄蛾效果达 95% 以上，有虫株率下降 31.5%。可见其应用价值不菲。

5. 药剂防治

重在防治当年的皮下小幼虫，一般于卵期之后，把药剂喷至枝干表面，即可得到较好防效。常用农药有：磷胺、氧化乐果、敌敌畏、杀螟松、久效磷、速灭松、二溴磷等；使用方法和最佳有效浓度，可按常规试验程序进行必要的应用测试，或参考已有的技术文献。与此同时，在成虫羽化之前，辅用毒签堵孔，以毒杀部分老熟幼虫和蛹，也可收到一定效果。

对生活周期较长的透翅蛾，由于被害树上一般都存在大小不同年群的幼虫，所以要一个有分年群防治的"防程"观念，才可分批控制住小幼虫的初蛀关。

6. 利用天敌

虽然理论上可采用白僵菌或绒茧蜂等寄生性昆虫进行透翅蛾的生物防治，但目前尚无成功的应用报告。

第四章　系统分类

透翅蛾科（Sesiidae）的亚科检索表

1. 触角无顶毛束。前翅 R_4、R_5 脉分开；如若共柄，则缺 M_3 脉。后翅 A_1 脉完全或留有一部分；缺 A_3 和 A_4 脉 ·························· **线透翅蛾亚科 Tinthiinae**

　　触角有顶毛束。前翅 R_4、R_5 脉共柄，有 M_3 脉。后翅 A_1 脉退化，A_3 脉游离或部分与 A_2 脉合并，有 A_4 脉 ·· 2

2. 前翅通常大部分透明。后翅 A_3 脉游离；Cu_1 脉出自横脉后端以远；如发自横脉后端，则 R_{4+5} 脉共柄的柄长不大于 R_4 脉或 R_5 脉长的 1/2，或 R_4、R_5 脉合并 ·· **透翅蛾亚科 Sesiinae**

　　前翅通常大部分复有鳞毛。后翅 A_2、A_3 脉除在基部分叉外，以后合并；Cu_1 脉发自横脉后端，如出自横脉后端以远，则前翅 R_{4+5} 脉之柄长大于 R_4 脉或 R_5 脉的 1/2，或 $R_{3,4,5}$ 脉共柄 ·························· **准透翅蛾亚科 Paranthreninae**

表 3　透翅蛾科分类记述统计表

亚科	属	种	亚种
线透翅蛾亚科 Tinthiinae	9 属	24 种	0 亚种
准透翅蛾亚科 Paranthreninae	5 属	22 种	3 亚种
透翅蛾亚科 Sesiinae	13 属	67 种	2 亚种
合　计	27 属	113 种	5 亚种

注：本书尚未记述的已知种有透翅蛾亚科的 1 属 1 种：

　　台小蛾透翅蛾 *Microsphecia suisharyonis* Strand，1917.

表 4　各属已知种数一览表

亚科	属名	种数	亚种
线透翅蛾亚科	羽角透翅蛾属 *Pennisetia*	2	0
	直透翅蛾属 *Rectala*	1	0
	线透翅蛾属 *Tinthia*	3	0
	桑透翅蛾属 *Paradoxecia*	2	0
	副透翅蛾属 *Paranthrenopsis*	1	0
	绒透翅蛾属 *Trichocerota*	4	0
	举肢翅蛾属 *Heliodinesesia*	1	0
	珍透翅蛾属 *Zenodoxus*	9	0
准透翅蛾亚科	蔓透翅蛾属 *Cissuvora*	2	0
	准透翅蛾属 *Paranthrene*	17	3
	寡脉透翅蛾属 *Oligophlebiella*	1	0
	长足透翅蛾属 *Macroscelesia*	1	0
	涿透翅蛾属 *Zhuosesia*	1	0
透翅蛾亚科	毛足透翅蛾属 *Melittia*	7	0
	透翅蛾属 *Sesia*	6	0
	台透翅蛾属 *Scasiba*	3	0
	容透翅蛾属 *Toleria*	2	0
	兴透翅蛾属 *Synanthedon*	25	2
	基透翅蛾属 *Chamaesphecia*	3	0
	叠透翅蛾属 *Scalarignathia*	1	0
	纹透翅蛾属 *Bembecia*	12	0
	奇透翅蛾属 *Chimaerosphecia*	2	0
	疏脉翅蛾属 *Oligophlebia*	1	0
	单透翅蛾属 *Monopetalotaxis*	1	0
	蜂透翅蛾属 *Sphecosesia*	3	0
	土蜂翅蛾属 *Trilochana*	1	0
	小蜂翅蛾属 *Microsphecia*	1（本书未收录）	0
合　　计		113（本书收录112）	5

一、线透翅蛾亚科　Tinthiinae

本亚科主要特征　触角线状，决不呈棒形，顶端无小毛束；头后缘无原生刚毛列。前翅 R_4、R_5 脉不共柄；或若共柄，则缺 M_3 脉。后翅 A_1 脉完全或留有一部分，缺 A_3 脉和 A_4 脉。幼虫头部 A_2 在 A_1 之前；前胸 L_3 后为 L_1，有时在同一毛片上；第 7 腹节有 3 根 SV 毛；第 8 腹节 L_2 在 L_1 背方。蛹如科述。

雄性外生殖器的抱器片较简单，散生纤毛。

该亚科种类较少，主要分布在东洋区的东部。目前已知 13 属，62 种；我国已知 8 属，23 种。

分属检索表

1. 前翅缺 M_3 脉 ·· 2

   前翅有 M_3 脉 ·· 4

2. 前翅 $R_{4,5}$ 脉不共柄，无 Cu_2 脉；后翅 M_3、Cu_1 脉共短柄 ························
   ································· 举肢透翅蛾属 *Heliodinesesia* Yang et Wang

   前翅 $R_{4,5}$ 脉共柄，或合并与 R_3 脉共柄 ································ 3

3. 前翅 $R_{4,5}$ 脉共柄；后翅 M_3、Cu_1 脉共长柄。雄外生殖器囊导端管骨化，明显弯曲 ································· 羽角透翅蛾属 *Pennisetia* Dehne

   前翅 $R_{4,5}$ 脉合并后，与 R_3 脉共短柄，Cu_2 脉伸至翅后角；后翅 M_3 脉出自中室横脉后 1/3 处 ································· 直透翅蛾属 *Rectala* Bryk

4. 前翅 $R_{4,5}$ 脉出自同一个基点，Cu_1、Cu_2 脉共柄 ························
   ································· 桑透翅蛾属 *Paradoxecia* Hampson

   前翅 $R_{4,5}$ 脉分离 ·· 5

5. 前翅 Cu_1、Cu_2 脉共柄 ········· 珍透翅蛾属 *Zenodoxus* Grote et Robison

   前翅 Cu 脉不共柄，或缺一支 ································ 6

6. 前翅缺 Cu_2 脉，有 A 脉 ································ 7

   前翅有 Cu_2 脉，无 A 脉 ································ 8

7. 前翅 Cu_1 脉伸至翅后角。中后足第 1 跗节背面有 1 束大毛簇 ················
   ································· 线透翅蛾属 *Tinthia* Walker

   前翅 Cu_1 脉伸至翅外缘 ········· 副透翅蛾属 *Paranthrenopsis* Le Cerf

8. 后翅 Cu_1、Cu_2 脉出自同一个基点，R_5、M_1 脉也同出一点 ················
   ································· 绒透翅蛾属 *Trichocerota* Hampson

   后翅 Cu_1 脉近 Cu_2 脉，R_5 脉远离 M_1 脉 ········· 小蜂透翅蛾属 *Microsphecia* Bartel

（一）羽角透翅蛾属 *Pennisetia* Dehne，1850

Bembecia Heppner，1981

Anthenoptera Swinhoe，1892

Lophocnema Turner，1917

Diapyra Turner，1917

Glossecia Hampson，1919

属征　雄性触角双栉齿状，雌的线状；喙短，无功能。前翅缺 M_3 脉，R_4 脉与 R_5 脉共柄或合并。后翅 M_3 脉和 Cu_1 脉共柄。雌性外生殖器的囊导端管特化，且明显弯曲。

此属我国现发现 2 种。

分种检索表

体色较鲜艳。胸背有 2 条略弯曲的黄褐色纵纹。前翅后透区伸至中斑。胫节橘红色。雌性外生殖器的囊导端管细长而圆滑，弧曲 ……………………………… **赤胫角羽透翅蛾** *Pennisetia fixseni* (Leech)

体色污暗。胸背无纵纹。前翅后透区细而短，不伸至中斑。足黄褐色。雌性外生殖器的囊导端管较短粗，向一侧弯斜 ……………………………… **树莓羽角透翅蛾** *P. hylaeiformis* (Laspeyres)

1. 赤胫羽角透翅蛾 *Pennisetia fixseni* (Leech)，1889

Specia fixeni Hampson，1919

Trochilium fixseni Mats. 1911

Bembecia fixseni Batler，1913

Bembecia contracta Hampson，1919

Bembecia fixeni Dalla Torre et Strand，1925

Bembecia contracta f. fixeni Mats. 1931

Pennisetia contracta Naumann，1971

（图 31，图版 I-1）

雌蛾翅展 36~44mm，体长 18~23mm。无喙；下唇须上举，着淡黄或红黄色长毛；复眼黑色；额、头顶平滑，黄褐色，头周缘黄褐色毛；触角线状，干腹面红褐色。领片中部暗褐，两侧淡黄褐色；翅基片被黑褐色长毛。足的胫、跗节橘红色。前翅窄长，泛红褐色光润，端透区较宽大，中斑黑褐色，前透区长楔状，后透区伸至中斑，其中部有1条斜向短纹。后翅宽三角形，透明，缘毛暗红褐色。腹部背面棕褐色，第1节常光裸，第4~6节后缘为红黄色带；臀束中部黄白或黄褐色，两侧红黄或暗褐色。

雌性外生殖器　囊导端管骨化，细长而圆滑，呈弧状弯曲。

雄性据文献记载，近似雌蛾，触角为双栉齿状。

分布　中国（浙江），日本。

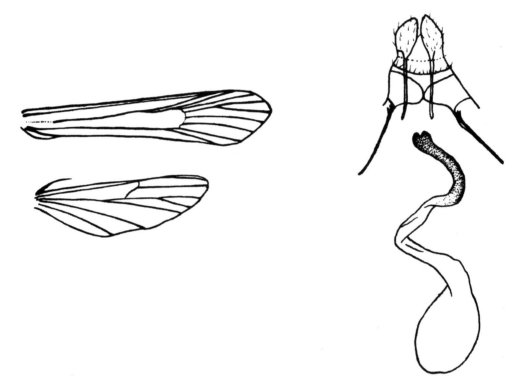

图31　赤胫羽角透翅蛾翅脉及雌性外生殖器

2. 树莓羽角透翅蛾 *Pennisetia hylaeiformis*（Laspeyres），1801

Sesia hylaeiformis Laspeyres，1801

Sesia hyleiformis Duponchel，1835

Pennisetia anomala Dehne，1850

（图32　图版Ⅰ-2）

本种在欧洲蛀害树莓。因此得名。

雌蛾翅展 32mm，体长 16mm。污褐色种类，体型细长。下唇须背面、额及头周毛白色；触角线状，暗红褐色。足黄褐色。前翅窄长，端透区清晰，M_1、M_2 脉横贯其内；前透区位于中室，细长，前缘中部及后缘黑褐色；后透区细短，不伸至中斑。后翅近似宽三角形，透明，缘毛黑褐色。后胸后缘两侧着淡黑和灰白色长毛。腹部背面第 4~6 节后缘为白色细环，此征在有的文献记为黄色（由于外生殖器结构无甚差异，姑且视为同种）。

外生殖器　囊导端管骨化，短而粗，向一侧斜弯；囊导管膜质，粗而多皱；交配囊近似圆形，无囊突。

雄蛾似雌蛾，触角为双栉齿状。

分布　中国（吉林），日本，德国，前苏联及斯堪的纳维亚诸国。

图 32　树莓羽角透翅蛾雌性外生殖器

（二）直透翅蛾属 *Rectala* Bryk，1947

Rectala asyliformi Bryk，1947

属征　前翅 R_4、R_5 脉合并，与 R_3 脉在基部共短柄，无 M_3 脉，Cu_2 脉伸至翅后角。后翅 M_3 脉出自中室横脉的后 1/3 处。雌外生殖器的产卵瓣上有斜生的突。

该属现仅知 1 种，产于我国江苏。

3. 直透翅蛾 *Rectala asyliformis* Bryk，1947

雌蛾触角线状；下唇须短，平伸，基、中节腹面着粗毛，端节光裸；喙正常。前翅 R_1、R_2 脉平行；R_4、R_5 脉合并，与 R_3 脉在基部共柄；无 M_3 脉；Cu_1、Cu_2 脉伸至翅的后角。后翅 M_2 脉出自中室横脉上部，M_3 脉出自横脉的后 1/3 处。

雌外生殖器　很长。产卵瓣细长，具斜的叶突。第 8 腹节圆锥形，强骨化；后表皮突长约其长的 3 倍，前表皮突长约其长的 1.5 倍。交配囊孔膜质，较宽；囊导端管（antrum）窄圆锥形，上部有 1 条骨质腹槽；囊导管粗，基部呈二度弯曲状；交配囊很长，泪滴状，无囊突。

分布　中国（江苏）。

（三）线透翅蛾属 *Tinthia* Walker，1865

Tinthia varipes Walker，1865

Soronia Moore，1877

Ceratocorema Hampson，1893

属征 触角有2列长纤毛；下唇须短，平伸。前胫节略具毛，中胫节和第1跗节多毛，后胫节有2个刺毛束，后跗节第1节有1个刺毛束。前翅 R_4、R_5 脉不共柄，缺 Cu_2 脉。后翅 M_3、Cu_1、Cu_2 脉同出自中室下角。腹部有1个侧臀束。

我国已知3种。

分种检索表

1. 体蓝黑色，腹节有黄褐边缘，腹面白色。抱器片端部较圆阔，微向上弯；囊突长带状 ·················· **异线透翅蛾** *Tinthia varipes* Walker

   体暗褐或淡褐色，腹部有黄带 ··· 2

2. 体淡褐色。腹部3条黄带，其中2条靠近尾端部；与尾端相邻的2节有白环。抱器片不向上弯，端部稍窄；囊突不呈长带状 ·····················

   ·························· **铜线透翅蛾** *T. cuprealis* Moore

   体黑褐色。腹部第2节基半部为黄带，第1、3、5节也有细而不完整的黄带，且无上述白环 ·················· **京线透翅蛾** *T. beijingana* Yang

4. 京线透翅蛾 *Tinthia beijingana* Yang，1977

翅展约22mm，体长约7mm，体黑褐色。额白色光滑，复眼后方被白色长毛；下唇须较短，仅伸达头部的一半，着白色短毛；触角线状，略扁，被黑褐色鳞；头顶黑褐色。胸部除前胸后缘和翅基片基部为黄色外，均为黑褐色；翅基部和后胸两侧有白色长毛并杂生褐色毛。足褐色，前足基节基部被白鳞，中、后足胫节中部及端部，以及第1跗节端部有毛丛；后足转节和胫节外侧有色斑。前翅全部褐色，中部杂有棕色鳞，前缘及脉黑褐色；各R脉均出自中室，无 Cu_2 脉。后翅透明，仅翅缘和纵脉上有褐鳞，中室横脉透明，缘毛灰褐色；后翅 $Cu_{1,2}$ 脉同出自一点。腹部较粗，末端尖，背面第2节基半部有黄带，第1、3、5节后缘有细而不完整的黄带；腹端黄褐色。

此种近似铜线透翅蛾，但腹部黄带分布不同，且无白环，足也易区分。

分布 中国（北京）。

5. 铜线透翅蛾 *Tinthia cuprealis*（Moore），1877

Soronia cuprealis Moore，1877

（图 33，图版 I-3）

翅展 20mm，体长 9mm，体淡褐色。喙正常；下唇须黑褐色；复眼黑色，外基缘白色；额平滑，红褐色；头顶被平伏的黑褐色毛，有毛隆；触角丝状，有纤毛列。领片前部黑褐色，后部黄色。各足胫节外侧中部和端部着生黑褐色长刺毛丛。前翅淡褐色，窄长，无明显透明区，缺 Cu_2 脉。后翅透明，M_3 脉和 Cu_1、Cu_2 脉同出自中室后外角的一点。腹部有 3 条黄带，其中 2 条接近尾端；尾端腹面黄色，与其相邻的两节有白色环。

雄性外生殖器　爪形突细长，末端尖；抱器片长圆形，片形较直，端部稍窄；囊形突宽锥状。阳茎筒形，顶端平截；盲囊弯举，粗指状。

雌性外生殖器　后表皮突长约前表皮突的 3 倍，导管端片窄长。囊导管宽约导管端片的 1.7 倍；交配囊卵圆形，囊突小。

分布　中国（上海、江苏、浙江、湖南北部）。

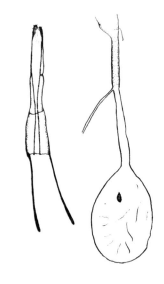

图 33　铜线透翅蛾雌性外
　　　　生殖器（仿）

6. 异线透翅蛾 *Tinthia varipes* Walker，1865

（图 34，图版 I-4）

翅展 27mm，体长 13mm。体蓝黑色，胸部有黄褐色侧纹。雄蛾触角羽状，雌蛾线状；下唇须短，不超过眼眶下缘，基节稍粗，中、端节光裸。领片黄色。足黄褐色，有黑、白斑饰。前翅 R_1、R_2 脉同出一个基点，$R_3 \sim R_5$ 脉不共柄；Cu_2 脉消失，或退化而向内弯曲。后翅 M_2 脉出自中室上缘，M_3 脉由中室近末端分出。腹节有黄褐色边缘，腹面白色。

雄性外生殖器　爪形突细长，略弯，末端强骨化；囊形突短粗；抱器片长方形，散生细刚毛，端部圆阔，略向上弯。阳茎的盲囊较铜线透翅蛾略显细长。

雌性外生殖器　前、后表皮突分别为第 8 腹节长的 2 倍和 3 倍。导管端片狭窄，骨化，相当于膜质囊导管宽的 2/5；交配囊上部有长带状囊突。

分布　中国（湖南长沙、江西南昌），土耳其。

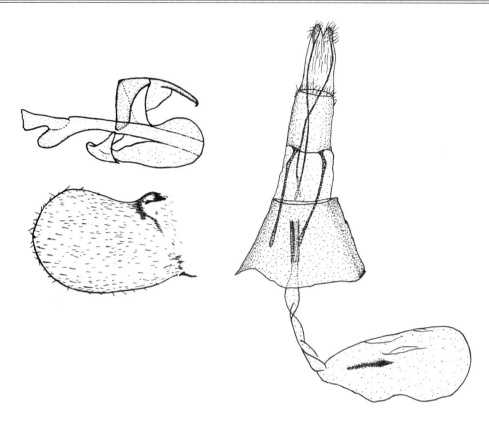

图 34　异线透翅蛾雌雄外生殖器

（四）桑透翅蛾属 *Paradoxecia* Hampson，1919

Aegeria gravis Walker，1865

属征　喙发达；下唇须上举过头顶，着鳞适中；复眼小而圆。雌蛾触角中部 1/3 背面着长纤毛，然后渐短至末端，端部无小毛束。胸、腹部具平伏的鳞片，腹部末端尖。前、中胫节端部，及后胫节中、端部背面有刺毛簇；跗节各关节也有一些刺毛。前翅窄长，端部圆钝，外缘内斜；Cu_1、Cu_2 脉共柄，R_4、R_5 脉出自一个基点，其他各脉均单独发自中室。后翅 Cu_1 脉由中室下角前分出，距 M_2 脉较近，缺 M_3 脉，M_1、R_S 脉从中室上角分出。

此属世界已知 3 种，我国记述 2 种。

分种检索表

腹部背面第 2～6 节后缘有黄带……………………**重桑透翅蛾** *Paradoxecia gravis*（Walker）

腹部背面第 2、4、5 节后缘有黄白带，第 1 节两侧有黄斑 ……**桑透翅蛾** *P. pieli* Lieu

7. 重桑透翅蛾 *Paradoxecia gravis*（Walker），1865

Aegeria gravis Walker，1865

体黑色，具紫青色光泽。胸部光滑，有 2 条黑纹，两侧各有 1 个金黄色斑。足暗色，距很长。前翅紫色，后翅透明，具光泽，脉紫色，基部黄色。腹部第 2～6 节有黄带。

雌外生殖器　导管端片为 1 个骨化环；交配囊上有大片不甚明显的骨化区。

分布　中国（浙江杭州）。

8. 桑透翅蛾 *Paradoxecia pieli* Lieu，1935

翅展 22mm。头黑色，后缘有毛；触角黑褐色；下唇须黄白色。胸部两侧各有 1 条黄色横斑。前翅狭长，紫黑色，缘毛端部灰褐色。后翅透明，散生稀疏黑鳞，缘毛灰褐色。腹部第 1 节背面两侧各有 1 条黄色纵斑，第 2、4、5 节后缘各有 1 条黄白带；腹面第 2～5 节后缘为淡黄色带。

分布　中国（江苏、浙江、四川、贵州）。

（五）副透翅蛾属 *Paranthrenopsis* Le Cerf，1911

Paranthrenopsis harmandi Le Cerf，1911

Entrichella Bryk，1947

属征　前翅有 M_3 脉，$R_{4,5}$ 脉分离，缺 Cu_2 脉，Cu_1 脉伸至翅外缘，有 A 脉。

9. 副透翅蛾 *Paranthrenopsis pogonias*（Bryk），1947

Entrichella pogonias Bryk，1947

触角线状（♀）；下唇须上举，端节长约为中节的 1/2；喙正常。前翅 R_1、R_2 脉基部连接，R_3～R_5 脉不共柄，缺 Cu_2 脉。后翅 M_1、M_2 脉同出自中室前缘，M_3 脉由中室后角前分出。

雌性外生殖器　前、后表皮突长约第 8 腹节的 2.5 倍和 2 倍，第 8 腹节之宽大于长。交配孔膜质，囊管端片短。

分布　中国（江苏）。

（六）绒透翅蛾属 *Trichocerota* Hampson，1893

Trichocerota ruficincta Hampson，1893

Trichocerota（*sic*）Dalla Torre and Strand，1925

属征　雄蛾触角有长毛丛；下唇须细，平伸。前翅常不透明，各脉均不共柄，缺 A 脉。后翅 Cu_1、Cu_2 脉共出自一个基点，R_S、M_1 也同样如此。后胫节无毛。

我国记有 4 种。

分种检索表

1. 胸部腹面深橘红色 ················· 短柄绒透翅物 *Trichocerota brachythyra* Hampson

　胸部腹面不是深橘红色 ·· 2

2. 腹部后端 2 节边缘黄褐色 ················· 铜栉绒透翅蛾 *Tr. cupreipennis*（Walker）

　腹部有黄带 ·· 3

3. 腹部有 3 条黄带 ····················· 平绒透翅蛾 *Tr. leiaeformis*（Walker）

　腹部有 2 条黄带 ····················· 双带绒透翅蛾 *Tr. dizona* Hampson

10. 短柄绒透翅蛾 *Trichocerota barchythyra* Hampson，1919

（图 35，图版 I-5）

雄蛾头、胸、腹黑色，具铅色光泽。下唇须、领片深橘红色，翅基片也有些深红色鳞毛。胸部腹面及前足基节、中足腿和胫节、后足腿节深红色；中胫节基部和端部的背面黑色；后足胫节、跗节蓝黑色，胫节中部有白色带，距白色；跗节具刺毛，且端部几节腹面深红色。前翅蓝黑色，后翅具紫黑和淡绿色光泽；中室及其下方基 1/2 部分透明。腹部第 2、4、5 节后喙为窄橘黄色环带。

雌蛾头、翅基片黑色，前胸除背面弥散深红色外，其他部也为黑色。

雌性外生殖器　囊导管长约交配囊长的 1/5；交配囊长卵形，密生横纹。

此种在广东新会为害藜蒴栲，成虫 5 月出现。

分布　中国（广东新会市圭峰山），印度尼西亚（西伯里岛）。

图 35　短柄绒透翅蛾
雌性外生殖器

11. 铜栉绒透翅蛾 *Trichocerota cupreipennis*（Walker），1865

Aegeria cupreipennis Walker，1865

雄蛾翅展 18mm，褐色，略有珍珠光泽。前翅伏黄褐色鳞。后翅透明。腹部后端 2 节边缘黄褐色；臀束黑色，末端橘红色。

分布　中国（广东），印度（南部）。

12. 双带绒透翅蛾 *Trichocerota dizona* Hampson，1919

雄蛾翅展 26mm。胸部黑褐色，具铅色光泽。足具白斑。前翅黑褐色，泛铜色光润，中室下方有 1 条透明细纹。后翅透明。腹部黑褐色，第 5 腹节后缘为窄的金黄色带，第 7 腹节有宽金黄带；第 5、6 腹节腹面有白色带。

分布　中国（广东），印度（阿萨密）。

13. 平绒透翅蛾 *Trichocerota leiaeformis*（Walker），1856

Aegeria leiaeformis Walker，1856

体蓝黑色。胸部侧面具黄纹。前翅紫铜色。后翅透明。腹部有 3 条黄带，其中 1 条在基部，另 2 条在中部；臀束黄色。

分布　中国（中部）。

（七）举肢透翅蛾属 *Heliodinesesia* Yang et Wang，1989

Heliodinesesia ulmi Yang et Wang，1989

属征　触角线状，无顶小毛束，雄蛾鞭节具纤毛；下唇须上举，端节长于基部 2 节之和；喙发达。中、后足胫节端有极发达的毛簇。前翅 R_4 脉与 R_5 脉分离，M 脉仅 2 支，Cu 脉 1 支。后翅 M_3 脉与 Cu_1 脉共短柄。

此属仅记 1 种，产于我国。

14. 榆举肢透翅蛾 *Heliodinesesia ulmi* Yang et Wang，1989

（图 36，图版 I-6）

小型种。翅展 14～18mm，体黑色。头黑色，额被黄色和黑褐色鳞；触角背面黑褐色，干腹浅黄色；复眼后方白色；下唇须浅黄色。胸部黑色，背面有 2 条红黄色纵纹，后胸中部有 1 个黄点。前足基节黄色，外缘有部分黑色，腿节黑色；胫节基部 1/4 处及端部有 1 小刺毛簇，均红黄色；跗节黄色。中足常高举胸背，胫节基部 1/3 处及端节有刺毛簇，均黑棕色，端距黄色，也被有棕黑色刺毛，第 1 跗端部有黑棕色刺毛簇，第 2 跗节端部有黄色刺毛簇。后足中、端距黄色，胫节端有黑色大刺毛簇，第 1 跗节端有红黄色小刺毛簇。前翅狭长，黑褐色，中室外方有 2 个小透明斑，端区、翅基和中部散有红黄色鳞。后翅透明，翅缘黑褐色，缘毛灰黑色，基部后缘有白色长毛，Cu_1 脉与 M_3 脉共短柄，Cu_2 脉由中室后缘分出。腹部第 1 节背面两侧各有 1 个红黄斑，第 4 节后缘为浅黄色带，第 3~5 节背面中间，各有 1 束黑色毛簇；腹面第 4 节前部和腹末淡黄色，其余黑色；臀束浅黄色。

雄外生殖器 爪形突末端平截；囊形突长针状；抱器片中部着黑鳞，腹缘较平直，背缘圆凸，外下角略呈鸟嘴状，腹中部有 1 枚长圆形骨片。阳茎发达，基部膨大。

雌外生殖器 前阴片倒钟形。囊导端片管状，囊导管细长；交配囊长卵形，基部有图钉状囊突。

分布 中国（内蒙古、黑龙江、甘肃、陕西、宁夏）。

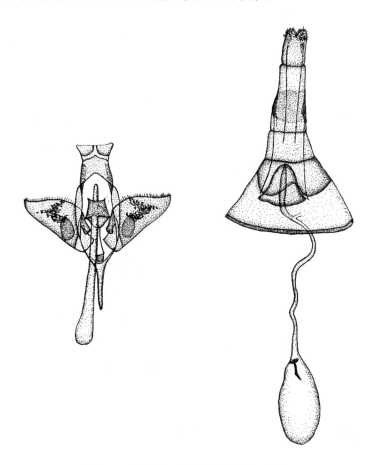

图 36 榆举肢透翅蛾雌雄外生殖器

（八）珍透翅蛾属 *Zenodoxus* Grote et Robinson，1868

Zenodoxus maculipes Grote et Robinson，1868

Paranthrenopsis Le Cerf，1911

Myrmecosphecia Le Cerf，1917

属征　雄蛾触角双栉状（占角长的 3/4）。前翅 R_4、R_5 脉不共柄，Cu_1、Cu_2 脉共柄。后翅 Cu_1、Cu_2 脉几乎出自中室下角以后的一点。腹部末 2 节有粗毛；臀束大，具侧毛束。

我国目前记有 9 种。

分种检索表

1. 胸部腹面鲜桃红色……………………… **红胸珍透翅蛾** *Zenodoxus. rubripectus* Xu et Liu
　　胸部腹面不是鲜桃红色 ………………………………………………………………… 2

2. 前翅无明显透明区 ……………………………………………………………………… 3
　　前翅有清晰的透明区 …………………………………………………………………… 4

3. 腹部第 1、4、5 节背面有黄带；臀束背面黄色 …………………………………………
　　………………………………………………… **三带珍透翅蛾** *Z. trifasciatus* Yano
　　腹部背面黑褐色，无明显带饰；臀束背面黑褐色 …………………………………………
　　……………………………………………………… **黑褐珍透翅蛾** *Z. issikii* Yano

4. 前翅铜褐色。腹部第 2、4 节灰黄色 …………… **台珍透翅蛾** *Z. taiwanellus* Nats
　　不如上所述 ……………………………………………………………………………… 5

5. 腹部腹面部分呈白色 …………………………………………………………………… 5
　　腹部腹面无白色 ………………………………………………………………………… 6

6. 腹部腹面第 5、6 节白色 ………………… **褐珍透翅蛾** *Z. fuseus* Xu et Liu
　　腹部腹面第 1、4、5 节有白色带 ……… **梅岭珍透翅蛾** *Z. meilinensis* Xu et Liu

7. 胫节及跗节有棕红色刺毛簇 ………… **拟褐珍透翅蛾** *Z. simifuscus* Xu et Liu
　　胫节及跗节无棕红色刺毛簇 …………………………………………………………… 7

8. 足黑褐，各腿节、胫节内侧淡黄 ……… **天平珍透翅蛾** *Z. tianpingensis* Xu et Liu
　　足黄色 …………………………………………… **黄珍透翅蛾** *Z. flavus* Xu et Liu

15. 黑褐珍透翅蛾 *Zenodoxus issikii* Yano，1960

（图版 I-7）

雌蛾翅展 23mm，几乎完全黑褐色。头黑褐色，头后背部缘毛黑色，两侧毛色稍淡；下唇须上举，基节略着暗褐色毛簇，杂有白毛；触角暗紫褐色。胸部黑褐色，中胸近翅基处着生黑褐色长毛。足黑褐色。前足胫节腹面黄色，在 1/3 处和末端各有 1 束黑褐色刺毛；跗节腹面略呈黄褐色，各节端生有黑褐色鳞毛。中足胫节 1/5 处及距基被黑褐色刺毛簇；距黑褐色，粗壮，背面有些毛，腹面杂些黄色；跗节各节端均有毛簇。后足胫节中部及距基有刺毛簇；距腹面黄色；跗节各节端均有小毛簇。前翅黑褐色，具金属光泽，缘毛暗褐，无透明区；背面暗褐或黑褐色。后翅透明，略具金属闪光，翅缘和脉暗褐色，缘毛暗褐色，翅基部有灰色长毛。腹部黑褐色，腹面较浅色；臀束黑褐色。

分布　中国（台湾）。

16. 三带珍透翅蛾 *Zenodoxus trifasciatus* Yano，1960

（图版Ⅰ-8）

雌蛾翅展约 18mm。头顶暗褐色，向额渐黄；头后缘毛暗褐色，背部杂有黄毛，两侧浅黄色。下唇须上举，基节稍粗，中、端节较细长；基节黄白色；中节黄色，基部较淡；端节黄色带有暗褐色光泽。触角暗褐色，泛紫色光润。胸部暗褐色，两侧各有 1 条黄纹；中胸近翅基有黄白色长毛。前足基节暗褐色，基半部黄色；腿节暗褐间有黄色；胫节黄色，杂有暗褐鳞，中部 1/3 处及端部各具 1 束黄色毛簇；跗节暗褐色，背面黄色，各节端具较密的粗毛。中足基节暗褐色，腿节暗褐具 1 个大黄斑；胫节暗褐色，在 1/3 处及距基，各有 1 个粗大的黄色或黄褐色毛簇，各距中较长的一支上有些毛；跗节暗褐色，各节端具粗鳞毛。后足基节暗褐色，转节浅黄色；腿节暗褐色，末端有 1 个小的浅黄斑；胫节暗褐色，端 1/2 的腹面有 1 条黄纹；中部及距基部各有 1 个黄色刺毛簇；距暗褐色，有 1 条浅黄色纹；跗节暗褐色，内侧黄色，各节端具刺毛。各足的暗褐色部分，泛紫光。前翅暗褐色，有紫色光泽，前缘为细黄线，翅基有小的黄点，缘毛灰褐色；翅反面暗褐色，窄的前缘和后缘、翅中区基部明显为黄色。后翅透明泛紫光，翅缘及脉着暗褐色鳞片，但中室端横脉及 M_3 脉基部不着鳞；缘毛灰褐色，向翅基处为黄色；翅反面的边缘和脉散生黄鳞。腹部暗褐色，第 1 节背面黄色；第 4、5 节前缘黄色，腹面完全淡黄色；臀束稍发达，背面黄色，其他部分暗褐色。

分布　中国（台湾）。

17. 台珍透翅蛾 *Zenodoxus taiwanellus* Mats.，1931

（图 37，图版Ⅱ-9）

雄蛾翅展 30mm，体黑褐色。腹部第 2、4 节灰黄色，腹面黄白色。足铜褐色，有黄斑。前翅铜褐色，有 1 个透明区；后翅透明，翅缘及脉黄铜色。

此种近似三带珍透翅蛾，但后者前翅无透明区；腹部腹面除第 4、5 节浅黄色外，其余为暗褐色。

雄性外生殖器　爪形突发达，密着长纤毛；抱器片短圆，近似心脏形；囊形突宽舌状。阳茎极长，前 2/3 为长棒状。

图 37　台珍透翅蛾雄性外生殖器（仿）

分布　中国（台湾）。

18. 黄珍透翅蛾 *Zenodoxus flavus* Xu et Liu，1992

（图 38，图版 II-10）

翅展约 28mm，体长 13mm，体色黄褐，雌蛾大于雄蛾。喙正常；下唇须黄色，向上举，端节少鳞；触角黄色，背面褐色，腹面有纤毛列；头周缘黄褐色。足黄色。前翅窄长，端透区明显，呈椭圆形；前透区细长，被粗干脉纵分为 2 条。

雄性外生殖器　爪形突粗棒状，有纤毛，末端圆钝；颚形突退化，抱器片略呈半圆形，散生细刚毛，抱器腹较宽大；囊形突椭圆形，短而宽。阳茎粗，近端部有 1 个长齿突，膜区有一片短刺。

雌性外生殖器　产卵瓣长椭圆形，前、后表皮突接近等长。囊导端片明显，囊导管短；交配囊长袋状，只有部分略显骨化，但无明显囊突。

本种与褐珍透翅蛾很近似，但体色和虫体大小差异明显，雄性外生殖器结构，则更加不同。

分布　中国（湖南天平山）。

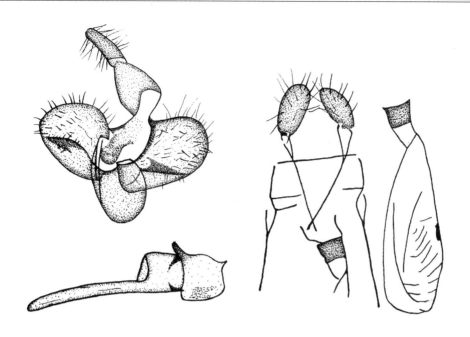

图 38 黄珍透翅蛾雌雄外生殖器

19. 褐珍透翅蛾 *Zenodoxus fuscus* Xu et Liu，1992

（图 39，图版 Ⅱ - 11）

翅展约 19mm，体长约 9mm，体色污褐。喙正常；下唇须淡褐色，中、端节约等长，基节白色；触角丝状，腹面有纤毛列；头周缘毛黄褐色。足暗褐色，中、后足胫节外侧中部、端部，以及跗节第 1～3 节端部生有红棕色刺毛簇。前翅窄长，Cu$_1$、Cu$_2$ 脉共柄；

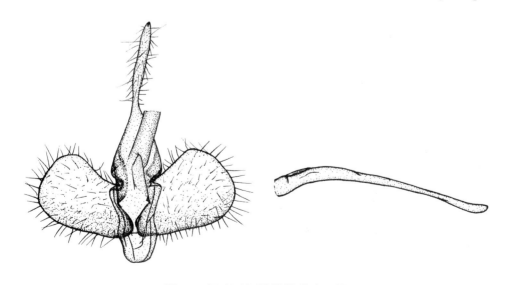

图 39 褐珍透翅蛾雄性外生殖器

端透区明显，呈钝三角形；前透区短，中有纵干脉穿过；后透区无。后翅透明。腹部背面带饰不明显，仅第4节后缘略呈浅褐色带；腹面第5~6节白色。

雄外生殖器　爪形突细长，着纤毛，顶尖黑色，稍呈钩状；颚形突退化，肛管长方形；抱器片背部前凸，腹缘平直，外端圆钝，散生细刚毛；囊形突半圆形。阳茎细长，端膜略粗，有齿突1枚。

分布　中国（湖南、福建）。

20. 红胸珍透翅蛾 *Zenodoxus rubripectus* Xu et Liu，1993

（图40，图版Ⅱ-12）

雄蛾翅展36mm，体长17mm，黑褐色。下唇须上举，中、基节腹面着黄白色鳞毛，端节黑色；触角黑褐，干腹具短栉，密生纤毛。胸部背面黑褐色。胸部腹面及各足腿节内侧鲜桃红色；后足胫节基部和末端背面、第1~3节跗节末端，生有黑褐色刺毛簇。前翅无明显透明区，大部分黑褐色。后翅透明，缘毛暗褐色。

雄性外生殖器　爪形突剑状，基部分叉；抱器片结构简单，散生短纤毛，腹缘直而后倾，背缘圆弧形，外角钝圆；囊形突为宽"V"形。阳茎棒状，前部稍弯曲，末端略平截。

本种胸部腹面鲜桃红色，易识别。

分布　中国（江西）。

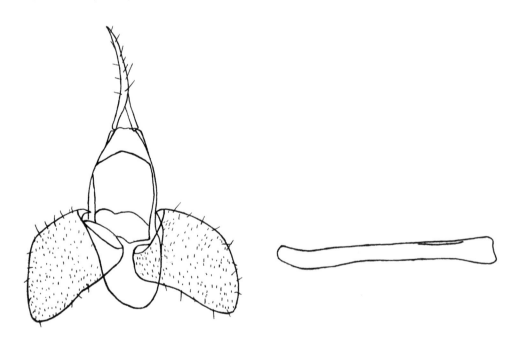

图40　红胸珍透翅蛾雄性外生殖器

21. 梅岭珍透翅蛾 *Zenodoxus meilinensis* Xu et Liu，1993

（图41，图版Ⅱ–13）

雄蛾翅展21mm，体长9mm，暗褐色。喙正常；下唇须平伸，黄褐色，有黑色鳞毛，端、中节近乎等长；触角黑褐色，腹面有2列细长栉齿；复眼外侧缘白毛。领片黑褐色，两侧各有1个小白斑。各足基节大部白色；中、后足黑褐色，胫节有2束黄白色刺毛簇，毛簇外部多黑鳞；各跗节末端具红褐色小毛簇。前翅黑褐色，端透区尖卵形，有3条M脉横过；前透区横贯中室。腹部至中段以后窄缩，第1、4、5节背面有黄带，腹面为白带；臀束黑色，外有黄白色长毛。

雄性外生殖器　爪形突细长棒状；抱器片近似圆叶突状，生有纤毛；抱器腹内端有1枚小骨突；囊形突为弧形微突。阳茎端部较粗，略呈短筒形，其后渐细延长柄状，末端圆钝。

分布　中国（江西）。

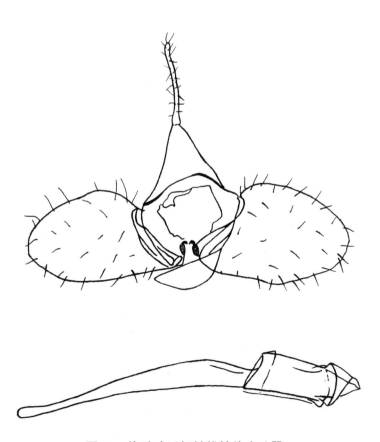

图41　梅岭珍透翅蛾雄性外生殖器

22. 拟褐珍透翅蛾 *Zenodoxus simifuscus* Xu et Liu，1993

（图 42，图版 Ⅱ-14）

雄蛾翅展约 17mm，体长约 8mm，黑褐色。喙正常；下唇须上举，中、基节腹面鳞毛黄白色，背面附着暗鳞，端节黄褐色；额及头顶平伏紫黑色毛，头周缘毛淡黄色；触角黑褐色，干腹有 2 列纤毛。领片黄白色或污白色；胸部紫黑色。足黑色，各胫节背面具 2 束棕红色刺毛簇，各跗节末端也有棕红色毛簇。前翅黑褐色，端透区靠近翅后缘，有 M₃ 脉横过中央；前透区细长，位于中室。腹部黑褐色，第 4、6、7 节背面为黄白带。

雄外生殖器　爪形突弯镰状，末端有黑色钩刺 1 枚；抱器片圆叶突状，匀生微毛，略向前弯，冠部弧圆；抱器腹内端有 1 枚小角突；囊形突宽"V"状。阳茎端膜有骨化的齿状突，其后为较细的长弯管，管端略膨大而钝圆。

雌蛾翅展 18～22mm，体长 8～10mm，紫褐或暗褐色。触角黑褐，线状。其余形似雄蛾。

雌性外生殖器　产卵瓣圆阔，前后表皮突等长，相当于第 8 腹节长的 2～2.5 倍。囊导管端片短粗；交配囊长圆，有圆形囊突 2 枚。

本种近似褐珍透翅蛾，但个体较小，腹部背面带饰不同，爪形突呈弯镰形，很容易区分。

分布　中国（江西）。

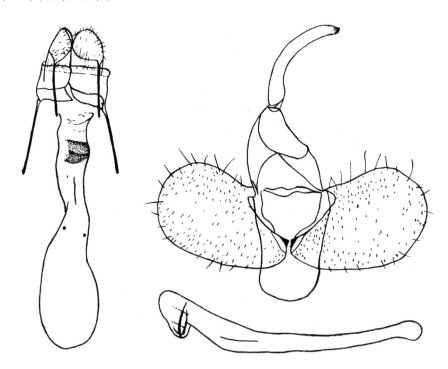

图 42　拟褐珍透翅蛾雌雄外生殖器

23. 天平珍透翅蛾 *Zenodoxus tianpingensis* Xu et Liu，1993

（图43，图版Ⅱ-15）

雄蛾翅展22mm，体长11mm，黑褐色。喙正常。下唇须上举，中、基节着较长的淡黄色鳞片，中节末端有1束暗褐色刺毛簇；端节黄褐，散生暗鳞。头顶毛紫黑色，头周毛红黄色；触角黑褐色，干腹有2列灰白色纤毛。领片黑褐色，两侧各有1枚小黄点；胸背黑褐色。足黑褐，各基节正面散生黄鳞；各腿节、胫节内侧淡黄，背面有2束暗红褐色刺毛簇；跗节下方淡黄色，第1节末端刺毛簇粗壮。前翅暗褐色，端透区小且清晰，2条M脉横过中部；前透区短，居中室中部。腹部背面及臀束黑褐色。

雄性外生殖器 爪形突近似三角形；抱器片圆叶突状，略向下倾，散生纤毛；抱器腹内端有1枚小骨突；囊形突为乳突状。阳茎细长，端部粗，其后为细管状，顶端为圆钝角形，有3枚较暗的小骨片。

本种停息时，中足常上举与触角相交，双翅呈约30°角微展。近似黑褐珍透翅蛾，但前翅有清晰的透明区，足内侧淡黄。

分布 中国（湖南天平山）。

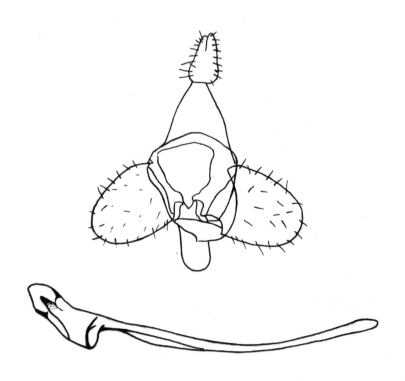

图43 天平珍透翅蛾雄性外生殖器

二、准透翅蛾亚科 Paranthreninae

本亚科主要特征　触角有顶小毛束；头后缘有一列原生刚毛。前翅大多覆有暗鳞，$R_{4,5}$ 脉共柄；后翅 A_1 脉退化，A_3 脉游离或部分与 A_2 脉合并，Cu_1 脉出自横脉基部；若出自横脉后端以后，则前翅 $R_{4,5}$ 脉共柄的柄长大于 R_4 脉或 R_5 脉长的 1/2，或 $R_{3,4,5}$ 脉共柄。幼虫头部 A_2 在 A_1 之后；前胸 L_2 在 L_1 背前方，L_3 在 L_1 背后方或背下方，且相距较远；第 7 腹节有 3 根 SV 毛，第 9 腹节 L_2 有时在 L_1 后。蛹如科述。

雄性外生殖器背部常有特化毛，腹部及端部着鬃毛，中部光裸，或在抱器腹生有暗色毛丛，背兜退化，爪形突长约其 3 ~ 5 倍。

雌性外生殖器交配囊密生横皱或不同的纵行色带。

世界性种类，在旧北界最多。我国记有 5 属，18 种。

分属检索表

1. 后足跗节极长 ……………………………………… **长足透翅蛾属** *Macroscelesia* Hampson
   后足跗节正常 …………………………………………………………………………… 2
2. 前翅 M_1、R_4、R_5 脉共短柄，并向下弯 …… **寡脉透翅蛾属** *Oligophlebiella* Strand
   前翅 M_1 不与 R 脉共柄 …………………………………………………………………… 3
3. 前翅 $R_{3,4,5}$ 脉共柄，后翅 Cu_1、M_3 脉同出自中室下角。雄性外殖器颚形突长臂状 ……………………………………………… **蔓透翅蛾属** *Cissuvora* Engelhardt
   前翅 $R_{4,5}$ 脉共柄 ……………………………………………………………………… 4
4. 前翅 $Cu_{1,2}$ 脉不出自中室下角，后翅 Cu_1、M_3 脉明显分离。雄性外生殖器无长臂状颚形突 …………………………………… **准透翅蛾属** *Paranthrene* Hübner
   前翅 $Cu_{1,2}$ 脉同出自中室下角；后翅 Cu_1 脉、M_3 脉虽分离，但基部很靠近 ……………………………………………………………… **涿透翅蛾属** *Zhuosesia* Yang

（九）蔓透翅蛾属 *Cissuvora* Engelhardt，1946

属征　前翅 $R_{3,4,5}$ 脉共柄，共柄次序为 R_3 +（R_4 + R_5）；颚形突愈合为一，且很长；抱器背上有感觉毛特化呈蘑菇状。

此属世界已知 3 种，我国发现 2 种。

分种检索表

胸部背面于前翅基部之前橘红色。雄性外生殖器的颚形突端部呈抹刀状 …
……………………………………… **罗氏蔓透翅蛾** *Cissuvora romanovi*（Leech）
胸部背面黑褐色。雄性外生殖器颚形突端部呈指突状…………………………
………………………………………………… **霍山蔓透翅蛾** *C. huoshanensis* Xu

24. 霍山蔓透翅蛾 *Cissuvora huoshanensis* Xu，1993

（图 44，图版Ⅱ-16）

雄蛾翅展 35mm，体长 18mm；前后翅透明，体暗红褐色。喙退化。下唇须上举，基节短，内方上部着黄白鳞，外围生黑褐色长毛；中节长，平伏淡黄褐色鳞毛；端节短，红褐色，光裸，端部尖削。额平伏黄褐色鳞；头顶着黑色长细毛，单眼间有 1 列灰白色原生刚毛；触角端有小毛束，干背黑褐色，干腹红褐色，栉齿发达，栉齿上有纤毛；复眼外侧基部着黄白色鳞。领片前沿暗褐，其后黄色，但杂生一些暗褐色鳞；翅基片黑褐色，基部饰黑褐色长毛。前足红褐色，基节外缘黑褐色，正面平伏黄鳞；腿节及胫节外侧生暗红褐色刚毛刷。中、后足外侧黑褐色，内侧红黄色，腿节外侧中部有平伏的黄鳞。前翅前缘区沿中室至 R_4 脉前着暗褐色鳞，前后缘散生红色鳞片；$R_{3,4,5}$ 脉共柄，共柄序为 $R_3 +（R_4 + R_5）$。后翅 Cu_1 脉出自中室下角，近 M_3 脉，远 Cu_2 脉，缘毛黑褐色。腹部

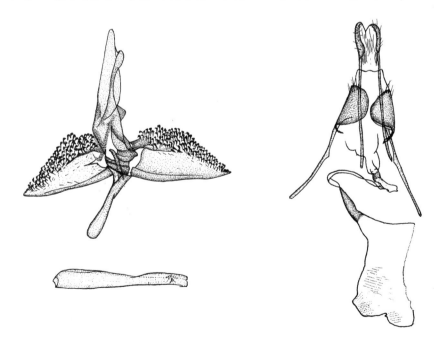

图44　霍山蔓透翅蛾雌雄外生殖器

第 3、4 节背面后缘为不甚明显的黄白色细线，第 3~7 节腹面为黄色带。

雄性外生殖器 爪形突长而发达，中后部较宽，基部呈三角形；颚形突基部宽，渐向后变细，至后端膨大成指突状；抱器片中部宽，端部尖削，抱器背密生刺毛，刺毛顶部为由黑色毛齿组成的伞形头盖，有的在刺毛杆部上方，又侧生 2 枚左右的齿突，刺毛头盖均转向内方；在刺毛下缘，还有数枚平伏的掌状毛，毛有 5~6 个分叉，也向内着生；囊形突细长，基部略膨大。阳茎粗壮，长圆筒形。

雌蛾翅展 39mm，体长 23mm。形似雄蛾，但腹部第 4 节背面为宽而显的灰白带；腹面暗红褐色。

雌性外生殖器 产卵瓣匀着粗短刺毛；后表皮突长约为第 8 腹节长的 2.5 倍，前表皮突长约为该腹节长的 2 倍。囊导端片环状，后缘凹入；囊导管细长，基部渐变粗；交配囊具平行的线纹。

分布 中国（安徽霍山、浙江泰顺）。

25. 罗氏蔓透翅蛾 *Cissuvora romanovi*（Leech），1882

（图 45，图版Ⅲ-17）

Sphecia romanovi Leech，1882

Trochilium romanovi（Leech），1911，Mats.

Aegerosphecia romanovi（Leech），1919，Hampson

Sesia romanovi（Leech），1981，Heppner et al.

Synanthedon romanovi（Leech），1982，Inoue

Glossosphecia romanovi（Leech），1991，Arita et al.

雄蛾翅展 49mm，体长 30mm。喙正常；下唇须上举伸过头顶，端节红褐色，中节红黄色，基节着生红褐和黑褐色长毛。触角单栉齿状，具顶小毛束，长约 10mm，干背近端部的 2/3 被黑色鳞片，近基部的 1/3 红褐色；干腹端部红褐色，栉齿黑色。复眼黑色；头顶有红褐和黑褐色毛，头后缘有黄褐色毛。胸部黑色，于前翅基前为橘红色；领片红褐色。足黑褐色。前翅基部及前缘、后缘、中斑均黑褐色；缘毛灰黑色。腹部黑褐色，第 2 节后缘黄色，其余各节前部红黄色；臀束中部红黄色。

雄外生殖器 爪形突长舌状，末端中央略凹入，着生纤毛；颚形突粗壮，斜举，端部呈抹刀形；抱器片尖卵形，背部密生掌状刺毛；囊形突粗柄状，末端稍膨大；肛管腹面部分稍骨化。阳茎长筒形，前部窄缩，末端为细钝钩状。

雌蛾似雄蛾，但触角棒状。

雌性外生殖器 囊导端片短，环状，囊导管后部 1/3 多皱；交配囊梨形，多横皱；囊突较大，位于交配囊中基部中央，有规则块状。

分布 中国（湖南丹堡），日本。

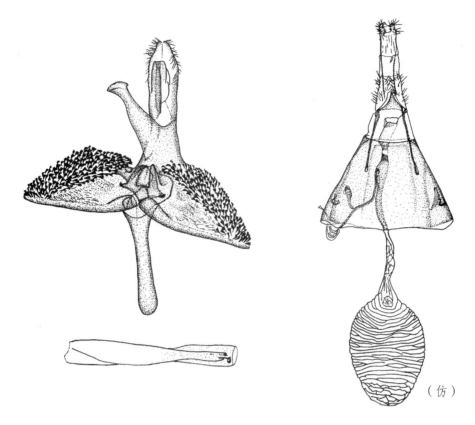

图45　罗氏蔓透翅蛾雌雄外生殖器

（十）准透翅蛾属 *Paranthrene* Hübner，1819

Mernythrus Newman，1832

Paranthrena Herrich－Schaffer，1846

Sciapteron Staudinger，1854

Tarsa Walker，1856

Pseudosesia C. Felder，1861

Pserdosetia Boisduval，1875

Pramila Moore，1879

Fatra H. Edwards，1882，［Dejean，1833（Coleoptera）］

Phlogothauma Butler，1882

Parathrene Busck，1902

Sciopterum Bartel，1912

Paranthrenella Strand，1916

Psendosecia Dalla Torre et Strand，1925

Nokona Mats. 1931

Leptocimbicina Bryk，1947

Nokona Heppner et Duckworth，1981

属征 下唇须上举，中节着长毛，端节短。雄触角双栉状、锯齿状，或具纤毛簇，或简单。前翅密着鳞片或透明。后翅 Cu_1 脉与 M_3 脉明显分离，$M_{1,2}$ 脉合并。

我国记有 17 种。

分种检索表

1. 雄蛾触角短双栉齿状；领片黄色。前翅黄色，渐向外缘变褐色，中室下方有短透明纹（台湾）……………………… 琵准透翅蛾 *Paranthrene pilamicola* Strand
   雄蛾触角不如上所述 ………………………………………………………………… 2

2. 雄蛾触角锯齿状，具纤毛簇。臀端具分开的毛束 ……………………………………… 3
   雄蛾触角为其他形状 …………………………………………………………………… 12

3. 大型黑褐色种。雄蛾前翅烟黄色，透明，雌蛾则为黄褐色不透明。腹部第 6 节黄色或有黄带 ……………… 猕猴桃准透翅蛾 *P. actinidiae* Yang et Wang
   中、小型种 ……………………………………………………………………………… 4

4. 腹部背面有橘红色带 …………………………………………………………………… 5
   腹部背面有黄带 ……………………………………………………………………………

5. 腹部背面有 3 条橘红色带。领片黄色 ………… 华准透翅蛾 *P. chinensis*（Leech）
   腹部背面有 2~3 条橘红色带。领片橘黄色 ……… 艳准透翅蛾 *P. pompilus* Bryk

6. 腹部有 1 条黄带 ……………………………… 耳准透翅蛾 *P. aurivena*（Bryk）
   腹部黄带 1 条以上 ……………………………………………………………………… 7

7. 腹部有 2 条窄黄带 ……………………………………………………………………… 8
   腹部有 3 条（雄为 4 条）或 3 条以上黄带 ……………………………………………… 9

8. 前翅紫红黑色。后胫节黑色，跗节黄色 …… 双带准透翅蛾 *P. bicincta*（Walker）
   前翅暗褐色。后足胫节下方有白毛 ……………… 日准透翅蛾 *P. yezonica* Mats.

9. 腹部中部的一条黄带很宽 ……………………………………………………………… 10
   腹部黄条都窄 …………………………………………………………………………… 11

10. 黑色种。领片黄褐色 ……………………… 三环准透翅蛾 *P. powondrae* Dalla Torre
    体黑褐色。领片紫褐色 ……………………… 葡萄准透翅蛾 *P. regalis*（Butler）

11. 腹部第 2、4、6（7）节有黄带 …… 白杨准透翅蛾 *P. tabaniformis*（Rottemburg）
    腹部黄带 3（4）条以上 …………………………………………………………………… 12

12. 腹部 2~6（7）节均有黄带。足黄褐色（中国西北）……………
………………… **白杨准透翅蛾多带亚种** *P. tabaniformis rhingiaeformis*（Hübner）
不如上所述 ………………………………………………… 13

13. 腹部第 4 节几乎完全黄色，其余各节均具窄黄带。体很小（上海）………
……………………… **白杨准透翅蛾申型亚种** *P. tabaniformis sangaica* Bartel
腹部各节具浅黄白色（几乎为白色）带（帕米尔）……………………
………………… **白杨准透翅蛾昆型亚种** *P. tabaniformis kungessana*（Altheraky）

14. 雄蛾触角长双栉齿状。腹部第 2、3 节黄色，具褐色后缘。前翅透明，中斑
中部橘红色 ……………………… **桬准透翅蛾** *P. asilipennis*（Boisduval）
雄蛾触角不如此 …………………………………………………… 15

15. 雄蛾触角简单。前翅透明。腹部有宽窄不等的多条黄带，其中以第 4 节黄
带最宽 ……………………………… **台准透翅蛾** *P. formosicola* Strand
雄蛾触角具纤毛簇 ……………………………………………… 16

16. 腹部背面无明显色带，但腹面多节具白色后缘。前翅透明，中斑宽而黄……
………………………………………… **莹准透翅蛾** *P. limpida* Le Cerf
腹部背面有明显的色带 ………………………………………… 17

17. 后翅外缘很宽。腹部第 2、4 节有灰白色带 ……………………………
………………………… **宽缘准透翅蛾** *P. semidiaphana* Zukowsky
后翅外缘宽度正常 ……………………………………………… 18

18. 胸部具橘红色肩斑。前翅透明。腹部具色带 3 条，其中以第 5 节的较宽……
………………………………… **红肩准透翅蛾** *P. trizonata*（Hampson）
胸部无橘红色肩斑 ……………………………………………… 19

19. 前翅中斑铜黄色。腹部第 5 节具黄色环带 ……………………………
………………………………… **铜斑准透翅蛾** *P. cupreivitta*（Hampson）
前翅中斑暗褐色。腹部第 4 节具黄色环带 …… **寒准透翅蛾** *P. pernix*（Leech）

26. 琵准透翅蛾 *Paranthrene pilamicola* Strand，1916

雄蛾翅展 25mm，体浅褐色。领片黄色。前翅黄色，渐向外缘呈褐色，脉及翅缘黑色，翅基部于中室下方有短而细的后透区（纹）。后翅透明，脉及翅缘黑色，散生黄鳞。腹部基部有些黑点，臀束黄色。

分布　中国（台湾）。

27. 猕猴桃准透翅蛾 *Paranthrene actinidiae* Yang et Wang, 1989

（图46）

较大型。体长 20～25mm，前翅长 20～22mm，后翅长 13.5～16mm，黑褐色种。头部黑色，基部被黄鳞；额中部黄色，四周黑色；复眼较大，褐色，周围具白鳞；下唇须上举过头顶，黄色，外侧黑色，端节细，约为中节长的4/7；喙发达，褐色。触角长约前翅长的一半，有顶小毛束；雄蛾触角栉状，栉齿末端有纤毛束，端半部栉齿渐小，以至消失；雌蛾触角线状，中段稍粗。胸部背面黑色，肩片黄色，翅基部后方散生一些黄鳞，后胸后缘也为黄色。雄蛾足的主色为黑色，前足基节端部和外缘黄色，腿节下方具黑色长毛，胫节有黑色毛丛，跗节黄色；中足基节黄色，胫节有毛丛，其中部黄色，端部黑色，距黄色，跗节黑色，杂有黄色；后足基节、距黄色，胫节中部和端部有 1 束黄色毛簇。雌蛾足的主色为黄色，前足基节内侧、腿节内侧黑色，胫节具刷状毛丛，由黄色长鳞杂有少量黑鳞组成；中足腿节下方着黑色长毛；后足腿节黑色，下方具黄色长毛，胫节有黄色大毛簇，杂有黑毛，中、端距黄色。两性跗节腹面多小黑刺。雄蛾前翅大部为烟黄色，透明，端区及中斑褐色，翅脉暗褐色；后翅透明，略有淡烟黄色光泽，

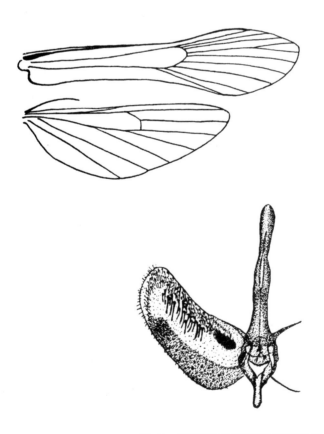

图46　猕猴桃准透翅蛾翅脉及雌雄外生殖器

翅脉及横脉、翅缘黄褐色，$M_{1,2}$ 脉合并，Cu_1、Cu_2 脉均出自中室后缘，远离横脉后下角。雌蛾前翅大部被不透明的黄褐色鳞，仅中室基部和 M_3 脉与 Cu_1 脉之间的基部，以及中室后缘下方透明；后翅与雄蛾同，但 A_1 脉为金黄色。腹部黑色，第 1、2 节后缘及雄蛾第 7 节后缘具不明显的黄带，第 6 节黄色，第 4、6 节两侧有黄毛簇；臀束发达，黑色；腹部腹面黑色，散生黄鳞。雌蛾第 6 节后缘具明显黄带，第 5 节两侧有黄毛簇，第 6 节有红黄色毛簇，腹端具红棕色毛丛，杂少许黑色毛；腹部腹面第 3 节后缘有黄带，第 5、6 节中部和后缘均黄色，第 4 节后缘中部黄色。

雄性外生殖器　抱器片似长卵形，内面被长、短刚毛、刺和鳞毛，中间为一狭长光裸区；囊形突短小，基腹弧窄；爪形突细长。阳茎细长，端部平截，两侧具小突起。

雌性外生殖器　交配囊长卵形，多横皱，近基部有 1 条骨化纵带；囊导管极细长；囊导端片近交配孔，为 1 个骨化环。

分布　中国（福建建宁）。

28. 华准透翅蛾 *Paranthrene chinensis*（Leech），1889

Sciapteron chinensis Leech，1889

Sciapteron regale Leech，1889

翅展 30～39mm，体黑色。领片黄色；触角、足黑色。前翅黑紫红色，中部散生褐鳞，翅基有 1 个小黄斑。后翅透明，略泛褐色。腹部有 3 条橘红色带。

本种近似葡萄准透翅蛾，但胸部无橘红色斑饰，腹部也无较宽大的色带。

分布　中国（江西九江）。

29. 艳准透翅蛾 *Paranthrene pompilus* Bryk，1947

前翅长 10～11mm。额白色，具丝质光泽；下唇须基、中节着暗橘红色毛，背面及端节黑色；触角黑色，端部背面褐色。胸部黑色，两侧具橘红色斑；领片橘黄色，翅基片两侧暗橘红色。前足基节黑色，边缘橘黄色，后侧部乳白色；后足黑色，内侧着乳白色毛，距黄白色。前翅不透明，紫铜色或紫黑色，后缘红铜色，基部有橘红色小斑，缘毛暗褐色。后翅透明淡黄褐色，具彩光。腹部黑色，具 2～3 条暗橘红色环带（但有的缺如）。

分布　中国（江苏）。

30. 耳准透翅蛾 *Paranthrene aurivena*（Bryk），1947

Leptocimbicina aurivena Bryk，1947

头黑色，头后缘浅黄色毛；下唇须橘黄色；触角黑色，柄节有灰红褐色环纹。胸部红褐色。腿节黑色，着淡黄色鳞毛，胫节黑褐色，被浅褐色细毛。翅浅黄色，前翅不透明。腹部暗红褐色，第2节具黄带；臀束灰褐色，背面有宽的黄纹。

分布　中国（江西九江）。

注评　Bryk（1947）据一头残存的雌蛾之翅脉略异于 *Paranthrene* 属，而定为新属新种 *Leptoeimbicina aurivena*，但 Narman（1971）认为，此差异应在属内允许变异范围之内，故仍将其归入 *Parantheene* 属，而且和耳准透翅蛾均是同年同地来自九江，故本书将黄脉准透翅蛾视为耳准透翅蛾的中名异称。

31. 双带准透翅蛾 *Paranthrene bicincta*（Walker），1865

Aegeria bicincta Walker，1865

近似白杨准透翅蛾。胸部黑色，杂有黄鳞。后足胫节黑色，跗节黄色。前翅略宽，褐色，外缘黑色。腹部黑色，第2、4节有窄黄带。

分布　中国（华中地区），日本。

32. 日准透翅蛾 *Paranthrene yezonica* Matsumura，1931

Paranthrene regles（Butler，1878；Yano，1965）

（图47，图版Ⅲ-18）

翅展约34mm，体长约19mm，体暗紫褐色。喙正常；下唇须上举，暗褐色，腹面着黄白毛丛；额灰色，头顶紫褐色；触角灰褐色，干腹有栉齿和纤毛；复眼外侧着暗褐色毛，杂有少许白毛；头后缘混生黄色和暗褐色毛。领片紫褐色；胸部侧面有2个大黄斑，后缘有断续细黄线。足暗褐色，前足腿节下方及胫节外侧着紫褐色刺毛；中、后足腿节下方有白毛，胫节外侧有1个斜的黄斑，及较短的暗褐色刺毛；后足胫节内侧具白毛。前翅暗褐色，弥散红黄色鳞片，发金属光泽。后翅透明，缘带较宽。腹部紫褐色，第2、4节后缘有窄黄带，其中第4节黄带环至腹下；臀束较小，背面紫褐色。

雄性外生殖器　近似葡萄透翅蛾，但抱器片端部明显较圆钝；囊形突也较长，中部略窄，端部稍膨大。阳茎基部扩张，中、端部较细，略弯曲，端部具1枚阳茎针。

雌性外生殖器 据 Yano（1961）图述，近似葡萄透翅蛾，但交配囊明显较长，也密生横皱。

分布 中国（福建崇安），日本。

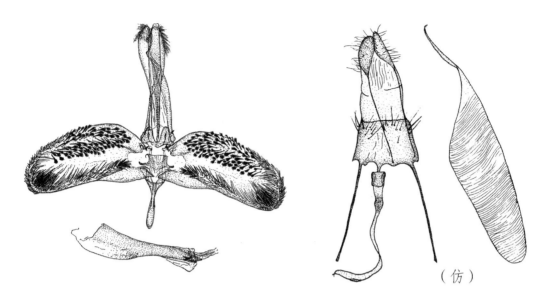

图 47 日准透翅蛾雌雄外生殖器

33. 三环准透翅蛾 *Paranthrene powondrae* Dalla Torre，1925

Paranthrene tricincta Wileman and South，1918

翅展 20mm，体黑色。雄蛾触角锯齿状，具纤毛；领片黄褐色。前翅黑褐色（尤其是端半部），缘及脉、中斑均黑色。腹部有 3 条黄色环带，其中第 1 条窄，第 2 条很宽，第 3 条则不甚连续；臀束具一对分开的长毛束。

分布 中国（台湾）。

34. 葡萄准透翅蛾 *Paranthrene regalis*（Butler），1878

Sciapteron regalis Butler，1878

Paranthrene regale（Butler），1912，Bartel

Vitacea regale（Butler），1946，Engelhandt

（图 48，图版Ⅲ-19）

翅展约 29mm，体长约 17mm，体黑褐色。喙正常；下唇须上举过头顶，端节黄色，中节腹面饰放射状暗褐色长毛；额灰色，两侧白色；雄触角棒状，干背黑褐色，干腹红褐色，具纤毛，基节白色，生有小毛簇；头顶褐色，复眼外侧有褐色毛，头后缘毛黄白色。领片紫褐色；前胸腹面两侧各有 1 个黄斑；后胸后缘两侧也各有 1 个小黄斑；胸背密生灰白色纤毛。足浅褐色，前足基节腹面端部着白色鳞，腿节下方有褐色刺毛列，胫节外侧有暗褐色刺毛簇，跗节灰白色；中足腿节下方有白色纤毛，胫节外侧中、后部和端部有褐色刺毛簇，距、跗节灰白色；后足基节下部白色，腿节下方有白毛，胫节中、后、端部有较短的淡褐色刺毛，距、跗节灰白色。前翅暗褐色，散布红褐色鳞片（背面也散生红黄或橘红色鳞片），基部各有 1 个小黄斑。腹部黑褐色，第 4 节有极宽的黄带，第 5、6（雄的 7）节后缘也有窄的黄带；臀束基部有 1 条黄线，具黑褐色长尾针 2 枚。

雄性外生殖器　爪形突颀长，后部呈叉形扩展；抱器片似长卵圆形，背部密生掌状刺毛，端部外缘着细长毛，腹部基区上方有 1 丛黑色刺毛；囊形突较短，基部宽，端部缩成柄状。阳茎前 1/2 细棒状，后 1/2 渐膨大。

雌性外生殖器　产卵瓣较宽大；囊导端管较粗，基部有 1 个骨化环；囊导管明显较细而长；交配囊呈箭袋状，密生横皱。

分布　中国（江西九江、上海、甘肃），日本。

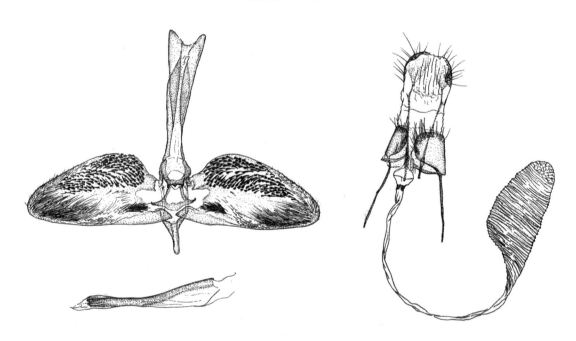

图 48　葡萄准透翅蛾雌雄外生殖器

35. 白杨准透翅蛾 *Paranthrene tabaniformis*（Rottemburg），1775

Sphinx tabaniformis Rottemburg，1775

Sphinx asiliformis Denis et Schifformuller，1775

Sphinx vespiformis Newman，1832

Aegeria tricincta Harris，1839

Sesia seratiformis Freyer，1842

Sesia synagriformis Rambur，1866

Albuna denotata H. Edwards，1882

Rhingiaeformis var. intermedia Le Cerf，1916

Aberration diaphana Schawerda，1921

（图 49，图版Ⅲ-20）

翅展 18～37mm。喙正常，灰黑色；下唇须上举过头顶，基节棕黑色，中、端节正面鲜黄色；额两侧黄白色，头顶覆黑黄相间的杂毛，头后缘饰黄色毛环；雄蛾触角棕黑色，干背面红褐色，栉齿状（雌角棒状），有顶毛束。领片蓝黑色，两侧后缘黄色；胸部背面黑色，翅基片后端及后胸后缘两侧各生 1 束黄毛，胸侧翅基下方有 2 个黄点。各足腿节黑色，但背脊红黄色；前足基节外侧鲜黄色，前足胫节背脊红黄色，大部分泛黑色；中、后足基节后端各有 1 个黄斑，其余红黄色，中足胫节外侧有 1 个黑斑；各足跗节红黄色。前翅狭长，暗红褐色，除基部略显透明外，均覆着暗鳞，翅基背面生 1 个小黄点。后翅透明，缘毛暗褐色。腹部黑色，第 2、4、6（7）节后缘均有黄带，腹面第 2、3、4节具宽黄带，以后各节后缘也有细的黄边。

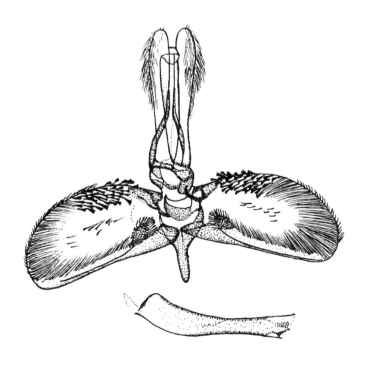

图 49　白杨准透翅蛾雌雄外生殖器

　　雄性外生殖器　背兜短小，爪形突颀长，后端呈叉状扩张，外侧披细长毛；抱器片周缘着黑色细长毛，背部密生叉毛，腹部中区有 1 列黑色刺毛；囊形突细棒状。阳茎前窄后粗，端部后方有 1 个横缺刻。

　　雌性外生殖器　交配囊梨圆形，多横皱，中上部有 1 纵列小黑点组成的囊突。

　　分布　中国（西部、北部），北半球各洲。

　　注评　本种在我国亚种较多，其中尤以多带型亚种发生最普遍，发生数量和为害程度也要比指名亚种大。

36. 白杨准透翅蛾多带亚种 *Paranthrene tabaniformis rhingiaeformis*（Hübner），1790

Sphinx rhingiaeformis Hübner

体型较小于指名亚种。腹部除第 1 节外，各节背腹部后缘有黄带。各足几乎均为黄褐色。外生殖器与指名亚种无差异。

　　分布　中国（北方省区）。

37. 白杨准透翅蛾申型亚种 *Paranthrene tabaniformis sangaica* Bartel，1912

近似多带型亚种，但腹部第 4 节几乎全部黄色，其余则为窄黄带。

　　分布　中国（上海）。

38. 白杨准透翅蛾昆型亚种 *Paranthrene tabaniformis kungessana*（Altheraky），1882

Sciapteron tabanifromis var. kungessana Alpheraky，1882

雄触角黑褐色，雌为黄褐色。前翅污黄色。腹部各节均具很窄的浅黄白色带（几乎为白色）。

　　分布　中国（帕米尔）及其邻近地区。

39. 宽缘准透翅蛾 *Paranthrene semidiaphana* Zukowsky，1929

（图 50，图版Ⅲ-21）

雄蛾翅展 28mm，体长 16mm，体黑褐色。喙正常；下唇须中、端节正面黄色，其余部分黑褐色；额两侧白色，头周缘白毛；触角末端有小毛束，腹面具纤毛列。领片黄色；

胸部背面无明显纹饰。中、后足基节白色，后足腿节下方白色，距背面褐色，腹面白色。前翅黑褐色，基半部略透明，中室前后散生黄色鳞片。后翅缘带黑褐色，极宽。腹部第2、4节背面为灰白色带；臀束暗褐色。

雄外生殖器　爪形突硕长，端部闭合，不呈分叉状；抱器片长卵形，背部中区密生掌状刺毛，端部及腹部后缘着长毛；囊形突细长棒状；阳茎端膜常散生紫褐色粗鳞。

分布　中国（湖南湘西、江西、广东）。

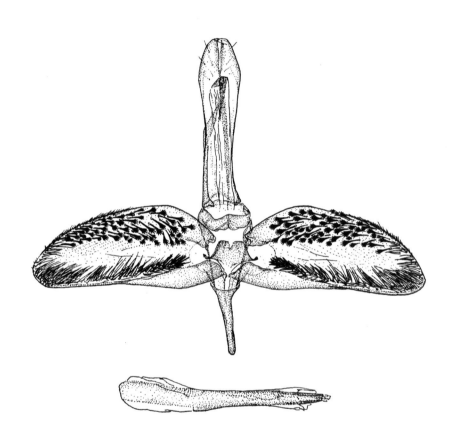

图 50　宽缘准透翅蛾雄性外生殖器

40. 红肩准透翅蛾 *Paranthrene trizonata*（Hampson），1900

Sciapteron trizonata Hampson，1900

雄蛾翅展 24mm，体黑色。触角有纤毛簇；胸部有橘红色肩斑；翅基片蓝黑色。前翅透明，具较宽的黑色脉纹及翅缘。后翅透明，仅横脉较为粗黑。腹部黑色，有 3 条黄带，其中第 1 节黄带细，第 5 节黄带宽，尾节上的黄带有断缺。

分布　中国（广东），印度（锡金）。

41. 铜斑准透翅蛾 *Paranthrene cupreivitta*（Hampson），1893

Sciapteron cupreivitta Hampson，1893

雄蛾翅展 28mm，体蓝黑色。触角有纤毛簇。胫节、跗节黄色。前翅褐色，翅脉间具黄色透明细纹；中斑背面铜黄色，反面为黄色；缘毛蓝黑色。后翅横脉铜黄色，脉及翅缘褐色。腹部第 5 节有黄色环带；臀束蓝黑色，有 2 条黄纹。

分布　中国（广东），缅甸（勃固）。

42. 寒准透翅蛾 *Paranthrene pernix*（Leech），1889

Bembecia pernix Leech，1889

Paranthrene hirayamai Mats. 1931

（图 51，图版Ⅲ－22）

翅展约 26~28mm，体黑褐或紫褐色。喙正常；下唇须上举，中、端部腹面有刷状黄毛，基节腹面有暗褐色毛丛；额灰色，两侧白色；头顶暗褐色，复眼外缘有白毛；触角棒状，褐色，干腹有纤毛列。领片黑褐色；胸部暗褐色，两侧有大黄斑，后胸背面有缺环状黄斑，后缘中央有黄色横纹。足暗褐色，前足腿节下方有紫褐色刺毛，胫节外侧有紫褐色长毛，跗节腹面黄白色；中、后足腿节下方有白色纤毛，胫节外侧生紫褪色刺毛；

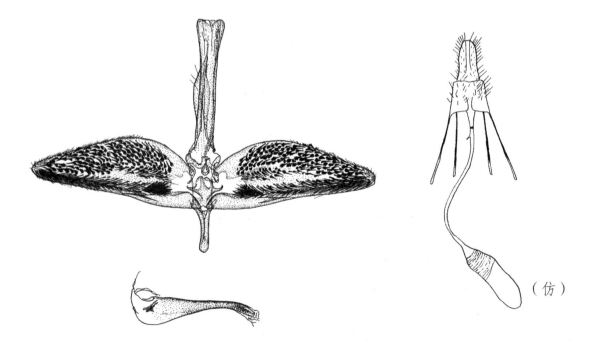

图 51　寒准透翅蛾雌雄外生殖器

后足胫节中部内侧有 1 个白斑，中、后足跗节的第 1、2 节端部白色。前翅暗褐色，弥散红褐色鳞片；后翅透明，缘带较宽。腹部黑色，第 2、4、6（7）节后缘有黄带，其中第 4 节黄带延伸至腹面；臀束发达，呈棱形。

雄性外生殖器　近似葡萄透翅蛾，但抱器片端部较窄，背部刺毛群较发达，除基区外，至外端密生掌状刺毛，刺毛群下方还散生 1 短列刺毛；腹缘着长毛，抱器腹脊中部具 1 束黑色刺毛；囊形突较短粗。阳茎端 1/2 稍弯曲，基 1/2 渐膨大。

雌性外生殖器　据 Yano（1961）图示：囊导端管基部有骨化环，囊导管细长；交配囊为长袋状，基半部多横皱。

分布　中国（江西、福建、安徽），日本。

43. 槲准透翅蛾 *Paranthrene asilipennis*（Boisduval），1829

Sesia asilipennis Boisduval，1829

Trochilium denudatum Harris，1839

Trochilium vespipenne Herrich－Schaffer，1854

Tarsa bombyciformis Walker，1856

Sesia vespipennis Boisduval，1875

Sphecia championi Druce，1883

（图版Ⅲ-23）

暗褐色，体大约白杨准透翅蛾的 1.5 倍。下唇须黄色；雄触角双栉状，粗壮，红褐色；头后缘毛褐色。领片后缘黄色；翅基片红褐色，近前翅基部黄色，后端具浅红褐色长毛束；后胸后缘有弯弓状红褐色纹。足浅黄或红褐色，跗节略黄褐色。前翅边缘及中斑黑褐色，前缘中、基部污褐黄色，中斑斜，中部着红褐色鳞；外透区极发达，几乎占据整个端区；前透区长楔形，外端凹入；后透区短细条状，仅伸至中室后缘中部。后翅透明，前缘黑褐色，基半部泛有红褐色；横脉红褐色，其他脉黑褐色，略泛黄光，缘毛除基部和翅顶 1/2 红褐色外，大部黑褐色。腹部暗褐色，第 1 节有 2 段细黄线，第 2、3 节黄色，具浅褐色后缘；臀束红褐色，混生浅色毛。

分布　中国，美国（佛罗里达）。

注评　据 Brown（1993）描述，在美国佛罗里达，此种腹部大多数腹节均有窄黄带，与 Bartel（1912）记述的第 2、3 节黄色，着有浅褐色后缘，似有差异，很可能是不同的种。因国内无供检标本，暂且按文献记为同种。

44. 台准透翅蛾 *Paranthrene formosicola* Strand，1916

翅展 20mm，体蓝黑色。胸部有黄色边缘，足具紫色和黄色环纹。前翅泛蓝色光泽，前缘及中斑宽而黑色，杂生黄鳞，后缘窄而黑色，镶着 1 条黄线；端区也散生黄色鳞片；外透区的大小近似端区，前透区较大，长楔状，后透区细长，伸至中斑。后翅透明，M_3、Cu_1 脉共柄，横脉及其后各脉、后缘均黄色，其余部分的脉和边缘则窄而黑色。腹基部具 1 个大黄斑，背面有 6 条宽度不等的黄色环带，其中以第 4 节的黄带最宽。

分布　中国（台湾）。

45. 莹准透翅蛾 *Paranthrene limpida* Le Cerf，1916

雄蛾翅展 28mm，体铜黑色。触角有纤毛簇。足黑色，具些白斑。前翅透明，泛黄光，中斑为宽的黄带，杂有黑鳞。后翅微黄，横脉窄。腹部第 2 节腹面中央白色，其后为细的 4 条白色后缘。

分布　中国（广东），印度尼西亚（爪哇）。

（十一）寡脉透翅蛾属 *Oligophlebiella* Strand，1916

Oligophlebiella polishana Strand，1916

属征　足部的毛簇比疏脉透翅蛾属要小得多，前翅脉相也不同。后翅 Cu_1 脉与 M_3 脉明显分离；前翅 M_1 脉与 R_4、R_5 脉共短柄，并向下弯。

此属世界仅知 1 种，产于我国南方。

46. 灿寡脉透翅蛾 *Oligophlebiella polishana* Strand，1916

雌蛾翅展 21mm，体黑褐色。头后缘黄色。足黄色，具黑色纵纹。前翅黑褐色，中室部分散生少许黄鳞，翅端部的脉纹上有 4 或 5 条不完全伸至外缘的黄纹。后翅透明，顶端处翅缘宽约 1.5mm，黑色，其后的翅缘很窄，也为黑色。两翅缘毛均为青黄褐色。腹部背面第 1、5 节及腹部腹面黄色。

分布　中国（台湾、广东）。

（十二）长足透翅蛾属 *Macroscelesia* Hampson，1919

Macroscelesia longipes (Moore)，1919，Hampson
Melittia Moore，1877

属征 触角棒状，有顶小毛束。前翅 $R_{4,5}$ 脉共长柄，柄部长于分叉部，有 3 个透明区。后翅 Cu_1 脉出自中室后角前，且距 Cu_2 脉较近，距 M_3 脉较远。后足胫节着长毛簇；跗节很长，基部也长有毛簇。

此属在世界仅知我国 1 种，有田丰（Arita, Y.）增记日本 1 亚种。

47. 长足透翅蛾 *Macroscelesia longipes*（Moore），1877

Melittia longipes Moore，1877

（图 52，图版Ⅲ-24）

雄蛾翅展 20mm，体长 9mm，黑褐色。喙发达；下唇须基节生白色长毛，中节青黑、灰两色长毛，端节黑褐色；复眼褐色，内侧基缘白色；额黑褐，头顶伏黑褐色长毛，头后缘有黄褐色刚毛；触角端有小毛束，干背黑色，干腹红褐。领片杂生黄褐色鳞片；胸部下面白色。足暗褐，前足腿节散生白鳞，下方生白色长毛；中足胫节除内外侧外，披褐、黄、白杂色的长鳞和刚毛，跗节长约胫节的 2 倍；后足胫节密着粗大的杂色长鳞毛，中部有 1 个白毛斑，跗节长，第 1 节的前半段着长毛，其后各节黑色，鳞片平状。

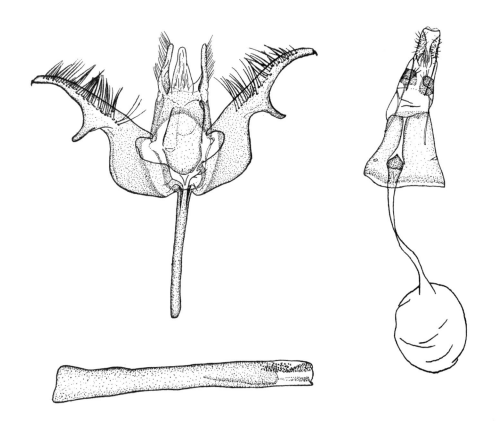

图 52 长足透翅蛾雌雄外生殖器

前翅黑褐，端透区较大而清晰显现 4 条脉段，其内缘略向外凸出；前透区中央嵌入 1 角形尖纹，故分叉为 2 条明纹；后透区细长，长约为前透区的 2.5 倍；$R_{4,5}$ 共柄，柄基出自中室上角，$M_{1,2,3}$ 均出自横脉，$Cu_{1,2}$ 共柄，出自中室下角。后翅透明，外缘有较宽的暗褐色缘边，缘毛黑褐色；Cu_1 出自中室下角后方，近 Cu_2，远 M_3，M_2 出于横脉中央。腹部背面各节后缘淡白色，腹面白色。

雄性外生殖器 钩状突消失；背兜侧突生于背兜两侧，细长肾形，背着纤毛；抱器片腹基部圆方；抱器片冠部特化，中部有 1 个较大的指状突，背部细窄下弯，顶端为黑色小齿钩，背面生细毛列；囊形突细长，棒状。阳茎长圆筒形。

雌性外生殖器 交配囊卵圆形，膜质，无囊突；囊导管细长；交配孔略骨化，有突起。

分布 中国（浙江、上海、江西、福建）。

（十三）涿透翅蛾属 *Zhuosesia* Yang，1977

Zhuosesia zhuoxiana Yang，1977

属征 两性触角棒状，有顶小毛束；喙发达；下唇须长而前伸。中、后足胫节的中、端，均有毛束，跗节仅生小刺而无毛束。前翅 $R_{4,5}$ 脉共柄，$Cu_{1,2}$ 脉均出自中室下角。后翅 Cu_1 脉出自中室下角前，与 Cu_1 脉接近；M_3 脉出自中室下角；似与 Cu_1 脉共柄或出自一点，但实际是分开的。臀束发达。

此属仅记我国 1 种。

48. 涿透翅蛾 *Zhuosesia zhuoxiana* Yang，1977

翅展 15mm，体长 9mm，浅色小型种。额黄白色，头顶着褐色鳞片；下唇须腹面被白色鳞毛；触角褐色，散生白鳞；复眼黑色，单眼无色透明，环以黑圈。胸部背面褐色，领片后缘及翅基片内侧黄色，后胸两侧多黄色长毛。足黄褐色，中、后足胫节上有白鳞，前足基节腹面全部密被白鳞，与前胸腹板及下唇须组成一片鲜明的白色。前翅褐色，翅端有浅褐色斑，纵脉仍为褐色，中室内仅有一些黄鳞。后翅大部透明，翅缘及脉纹被褐鳞，横脉密着黄褐色鳞，外缘在褐边内方还有较宽的黄褐色带，缘毛褐色，很长。腹部背面褐色，杂有黄白色鳞，并在背中线形成一列斑点；腹部侧面多白鳞，并在第 4 节上形成大白斑；臀束黄褐色，分展成两束。

分布 中国（河北涿县）。

三、透翅蛾亚科 Sesiinae

本亚科主要特征　复眼大于准透翅蛾亚科和线透翅蛾亚科。触角有多种棒状，具顶小毛束，雄蛾的干腹着纤毛，有些种为单栉状；头后缘有线状原生刚毛列。前翅 $R_{4,5}$ 脉共柄之柄长，为 R_4 脉或 R_5 脉长的 1/2，或较短。后翅 Cu_1 脉通常与 M_3 脉共柄，A_1 脉退化，但 $A_{2,3,4}$ 脉均存在。

雄性外生殖器　背兜一般与爪形突合并，爪形突通常发达，许多种生有毛丛状香鳞；颚形突细小，小舌状；囊形突很长；抱器片形状不一，多数具特化鳞毛。

雌性外生殖器　囊导管窄长，多为膜质，有的部分骨化；导精管在囊导管中部或靠近交配孔；交配囊大小中等，多为长卵形。

幼虫　头部 A_2 在 A_1 后侧方，或在 A_1 与 A_3 之间；前胸 L_3 在 L_1 之后背方；腹部第 7 节 SV 两根，第 8 节 L_2 在气门前方。蛹如科征。

该亚科在全世界都有分布，有许多全北区及泛热带种。目前已知 58 属，282 种；我国已知 13 属，67 种。

分属检索表

1. 前翅 $R_{2,3,4,5}$ 脉共柄 ························· **奇透翅蛾属** *Chimaerosphecia* Strand
   前翅 $R_{2,3,4,5}$ 脉不共柄 ·· 2

2. 后翅 Cu_1 脉出自中室下角之前，不与 M_3 脉共柄。足密生长毛 ·················
   ···································· **毛足透翅蛾属** *Melittia* Hübner
   后翅 Cu_1、M_3 脉共柄，或出自一点 ································ 3

3. 前翅 $M_{2,3}$ 脉不向下弯 ·· 4
   前翅 $M_{2,3}$ 脉向下弯 ··· 11

4. 前翅 $R_{4,5}$ 脉合并，$Cu_{1,2}$ 脉也合并。后足胫节、跗节具毛束 ·················
   ······························ **疏脉透翅蛾** *Oligophlebia* Hampson
   前翅 $R_{4,5}$ 脉共柄 ··· 5

5. 前翅 $R_{1,2}$ 脉于近翅前缘处合并。臀束基背部无粗毛隆。雄性抱器片的感觉毛区内缘有骨化界脊·················· **基透翅蛾属** *Chamaesphecia* Spuler
   前翅 $R_{1,2}$ 脉分开 ··· 6

6. 后足第 1 跗节背面无毛簇 ·· 7
   后足第 1 跗节背面有毛簇 ·· 9

7. 喙发达。腹部基节缩窄，有的甚至成柄状。跗节长度正常或很长 ···········
   ······························ **蜂透翅蛾属** *Sphecosesia* Hampson
   喙短或退化 ·· 8

8. 前翅 $Cu_{1,2}$ 脉靠近；后透区不达中斑，或后透区消失。后足跗节长度正常。雄外生殖器颚形突也正常 ·················· **纹透翅蛾属** *Bembecia* Hübner

近似纹透翅蛾属，但雄性外生殖器颚形突特化为层叠状 ··················

·················· **叠透翅蛾属** *Scalarignathia* Capuse

9. 喙退化。后翅 Cu_1、M_3 脉共柄 ·········· **单透翅蛾属** *Monopetalotaxis* Wallengren

喙发达 ·················· 10

10. 后翅 Cu_1、M_3 脉共柄。前翅端区一般大而清晰，R_5 脉伸至翅顶角，后透区伸达中斑，中斑或多或少，沿 Cu_2 脉伸至翅后缘。中足胫节无刺，跗节长度正常。下唇须腹面无毛。臀束发达·············· **兴透翅蛾属** *Synanthedon* Hübner

后翅 Cu_1、M_3 脉同出自一点，后足跗节近端部具粗毛簇。两性触角均为栉齿状。前、后翅大部不透明，仅在翅基有若干个小透明斑 ··················

·················· **土蜂透翅蛾属** *Trilochana* Moore

11. 前翅 $R_{3,4,5}$ 脉共柄；R_5 脉于 R_3 脉之前，由柄部分出 ··················

·················· **容透翅蛾** *Toleria* Walker

前翅 R_3 脉出自中室，且大部分透明，端区消失 ·················· 12

12. 前翅 R_4 脉伸至翅顶角，R_5 脉伸至翅外缘，中斑细小，不伸至后缘。雄性外生殖器抱器片短而方，端部一般有明显切缺 ········ **透翅蛾属** *Sesia* Fabricius

近似透翅蛾属，但胸部肩半部常呈橘红色。雄性外生殖器抱器片近三角形，具形状各异的抱器腹突 ·················· **台透翅蛾属** *Scasiba* Matsumura

（十四）毛足透翅蛾属 *Melittia* Hübner，1819

Melittia anthedoniformis Hübner，1819

Eumallopoda Wallengren，1858

Parasa Wallengren，1863

Pansa Wallengren，1865

Poderis Boisduval，1875

Melitha（*sic*）Kirby，1879

Melitta（*sic*）Druce，1892

Premelittia Le Cerf，1916

Neosphecia Le Cerf，1916

Melittina Le Cerf，1917

属征 雄蛾触角棒状，具纤毛簇（雌蛾无纤毛），有顶小毛束；下唇须上举，很细，中节着粗毛；喙发达。后足胫节及跗节密被长毛。翅形及脉相近似准透翅蛾属，但后翅

Cu_1 脉出自中室下角之前，有 M_1 脉。臀束小。

此属广泛分布于新北界及新热带区、非洲的西部和南部，远至东洋区的瓜哇和摩鹿加群岛，我国北部、克什米尔及日本。我国已知 7 种。

分种检索表

1. 后足胫节基半部有浓密的淡黄色长鳞毛，端半部有浓密的暗橙色鳞毛，并混有少量棕色鳞毛 ……………………… 黑肩毛足透翅蛾 *Melittia distinctoides* Arita et Gorb.
   后足胫节的鳞毛不如上所述 …………………………………………………… 2

2. 前翅端透区 4 分区，前透区较小，中间有横贯的脉干。腹部第 2、4、6、(7) 节背面有白带，腹面各节有宽白带 ………… 台毛足透翅蛾 *M. formosana* Mats.
   前翅端透区 5 分区，前透区较小，仅外端残留短脉干基根 ………………… 2

3. 后胸后部着金黄色毛。腹部各节有黄带 …… 申毛足透翅蛾 *M. sangaica* Moore
   后胸后部无金黄色毛 …………………………………………………………… 3

4. 体黑色。下唇须白色。触角以黄色为主 ………………………………………
   ……………………………………… 枿毛足透翅蛾 *M. eurytion* (Westwood)
   不如上所述 ……………………………………………………………………… 4

5. 后翅后缘基部着发达的黑色缘毛 ………… 巨毛足透翅蛾 *M. gigantea* Moore
   后翅后缘基部无此发达黑色缘毛 ……………………………………………… 5

6. 后足毛簇前半部浅黄褐色，后半部黑褐色。腹部背面有 3 条明显白带，腹面白色 ……………………………… 神农毛足透翅蛾 *M. inouei* Arita et Yata
   后足毛簇黑褐色，前半部被灰白色毛。腹部各节有黄白带 …………………
   ……………………………………… 墨脱毛足透翅蛾 *M. bombiliformis* (Cramer)

49. 黑肩毛足透翅蛾 *Melittia distinctoides* Arita et Gorb.，2000

据任国仪（2011）记述：翅展 26mm（♂），触角深棕至黑色；下唇须基节白色，中节与端节深棕色，正面白色。前翅透明区发达。后足胫节基半部有浓密的淡黄色长鳞毛，端半部有浓密的暗橙色鳞毛，并混有少量深棕色鳞毛。腹部背面深棕色至黑色，腹面主要为暗黄色。

分布　中国（广东），越南（北部）。

50. 台毛足透翅蛾 *Melittia formosana* Mats.，1911

（图 53，图版 IV-25）

翅展 35～38mm，体黑色。头顶粗糙，暗褐色，杂生黑、白色毛；额灰色，后缘白毛；触角黑色，干背近端部之前有 1 个白斑，端部及干腹褐色；下唇须白色，基节后下方着黑毛，中、端节黑色。胸部淡绿色；领片灰黑色，杂有淡绿色毛；翅基片前半部淡绿色，后半部暗绿色，后缘具黑、白长毛。前足基、腿节黑色，杂有白毛；胫节黑色，中部有 1 条白色带；跗节背面黑色，腹面浅橘红色。中足腿节背面黑色，腹面白色；胫节黑色，有 3 个蓝白色斑；跗节黑色，第 1、2 节基部之前有白斑。后足腿节黑色，杂有白毛；胫节毛簇黑色，杂生白毛，中部及端距基部具白毛；跗节毛簇黑色，杂有白毛，中部具白色毛斑。前翅黑色，中斑宽大，端透区外缘内斜，4 分区，前窄后宽；前透区窄短，中有脉干延伸；后透区长约前透区的 2 倍，从翅基伸至中斑内缘。后翅透明，翅脉黑色，外缘很窄，黑色。两翅缘毛灰色。腹部背面黑色，第 3、5 节分别在中部有不甚明显的细横带，第 2、4、6（7）节后缘均有白色带；各节腹面中部为宽白带。

雄性外生殖器　爪形突后端具一对短骨突，突上密着黑色刺毛；抱器片近似长方形，端 1/2 部密被黑色长毛，外缘后部具一短的裂口；囊形突粗壮，端部略圆阔。阳茎约与抱器片等长，端 1/3 细直管状，其后渐膨大。

雌性外生殖器　产卵瓣发达，着长毛。交配孔呈骨环状，囊导管细长；交配囊梨圆形，中部有话筒状囊突，面积约占囊体的 1/3，囊突膨大部有许多横纹。

分布　中国（台湾），日本。

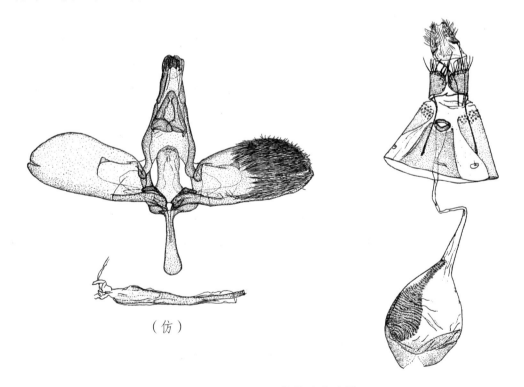

（仿）

图 53　台毛足透翅蛾雌雄外生殖器

51. 申毛足透翅蛾 *Melittia sangaica* Moore，1877

翅展 36mm，体紫黑色。后胸部金黄色。后足上部有黄毛，下部着黑毛，外侧黄褐色。翅透明，黄色，具窄而黑的翅缘；前翅前缘和后缘基部有黄斑。腹部各节有黄带。

分布　中国（上海）。

52. 柃毛足透翅蛾 *Melittia eurytion*（Westwood），1848

Trochilium eurytion Westwood，1848

Melittia strigipennia Walker，1865

Melittia eurytion ab. microfenestrata Strand，1916

翅展 24～38mm，体黑色，外形多变异。下唇须白色，着黑毛；触角黄色，基部和端1/3 部背面黑色，在端部前方有些白鳞。胸部浅绿色。后足胫节、跗节黑色长毛，外侧有些褐色；胫节中部有白环，同时和跗节一样，末端也有些白毛。前翅的脉、翅缘、中斑黑色；透明区发达，近似墨脱毛足透翅蛾，端透区 5 分区，前短后宽，外缘垂直或倾斜，内有黑色脉干。后翅透明，基部及外缘黑色；端区较宽，散生白鳞。腹部背面浅褐色或蓝黑色，有 0～4 条细白带。

分布　中国（西部及广东、台湾等地），日本，印度（阿萨姆），印度尼西亚（摩鹿加），缅甸。

注评　此种从台湾采得一头标本，端透区下部覆鳞，不透明，故定为变型小柃毛足透翅蛾 *Melittia eurytion ab. microfenestrata* Strand，1916

53. 巨毛足透翅蛾 *Melittia gigantea* Moore，1879

Melittia humerosa Swinhoe，1892

（图 54，图版Ⅳ-26）

雄蛾翅展 35mm，体长 22mm。喙正常；下唇须下垂，腹面着紫褐色短毛；额深褐色，两侧白色；头顶黑色，头后缘红黄色毛；触角黑褐色，棒状，棒端部腹面红褐色；复眼外侧有灰白色毛。胸部黑褐色，领片、翅基片黑褐色，翅基片后部着黄褐色长毛。足黑褐色。前足基节、腿节黄白色；胫节有黄褐色毛，跗节黄白色。中足基节、腿节有黄白色毛列；胫节外侧有 3 个黄白色斑；第 1 跗节基部也有 1 个黄白斑，距有黑毛。后足腿节下方有浅褐色毛列；胫节及跗节着黑紫色长毛簇，背部灰白色，外侧有浅黄色斑纹，第1跗节基部也有浅黄斑。前翅黑褐色，基部散生黄褐色鳞片，透明区发达；端透区5分区，外上角部明显内斜；前透区楔状，长约后透区的3/4，外端中央有短的脉干；后透区伸至中斑。后翅透明，翅缘很窄，基部缘黑褐色长毛。

雄性外生殖器　很似台毛足透翅蛾，但抱器片基部略窄，腹缘端部较直，弯筒不明显。

分布　中国（中部、西藏墨脱），日本，朝鲜，印度（旁遮普）。

注评　本书供检标本的前透明区与记述完全一致，但后足胫节毛色有些差异。此种雄性外生殖器虽近似台毛足透翅蛾，然而前翅透明区显较后者发达。

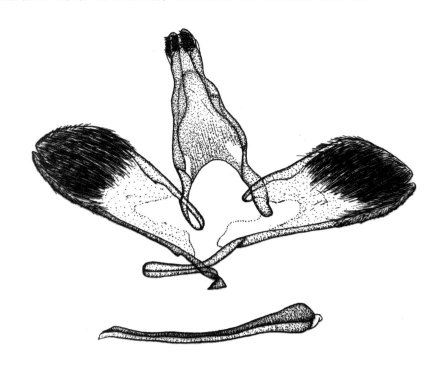

图54　巨毛足透翅蛾雄性外生殖器

54. 神农毛足透翅蛾 *Melittia inouei* Arita et Yata, 1987

（图55，图版Ⅳ-27）

此种在我国采自湖北神农架，故名之。

翅展33mm，体长17mm，黑褐色。喙正常；额浅褐色，两侧白色；头顶毛黑褐色。触角黑褐色，端部散生少许白鳞，腹面红褐色；复眼外下方白色，眼后及头后有黑褐色毛。领片杂生黑褐色和红褐色鳞片；胸部背面黑褐色，腹面侧缘白色；翅基片后部着黄褐色长毛。前足基节、腿节白色，胫节外侧黑褐色，跗节黄白色。中、后足基节及腿节上部白色；胫节有紫褐色粗毛簇，外侧中、端部各有 1 个白斑，第 1、2 跗节端部也有小白斑。后足胫节密着浅黄褐色长毛，其端部及跗节毛簇黑褐色，极发达。前翅前后缘、端区、中斑、翅缘均黑褐色；端透区 5 分区，外缘内倾；前透区长约为后透区的 2/3，外端中央仅存干脉的短基根；后透区伸至中斑。后翅透区边缘极窄。腹部背面有明显白色窄带 3 条，腹面白色。

雄性外生殖器 据 Arita 等（1987）记述，近似台毛足透翅蛾，但抱器片长方形，背部前缘基部有明显角突，端角呈一卵形黑色骨片。

雌性外生殖器 交配孔呈杯状，交配囊梨形；囊突发达，锤部呈倒卵形，较圆阔。

分布 中国（湖北神农架），日本。

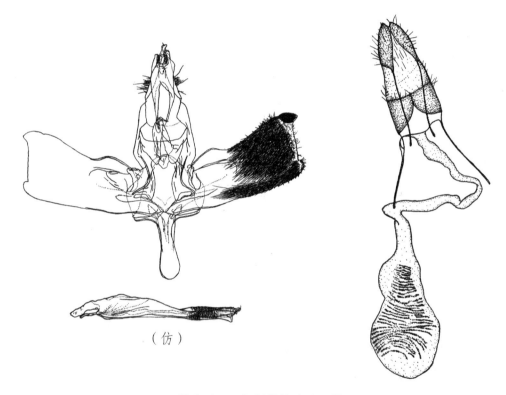

（仿）

图 55 神农毛足透翅蛾雌雄外生殖器

55. 墨脱毛足透翅蛾 *Melittia bombiliformis*（Cramer），1782

Sphinx bombiliformis Cramer，1782

Sesia chalciformis Fabricius，1793

Melittia anthedoniformis Hübner，1819

Melittia bombilipennis Boisduval，1875

Milittia arrecta Meyrick，1918

（图56，图版Ⅳ-28）

雄蛾翅展29mm，体长15mm，黑褐色。喙正常；下唇须上举，腹面具黑白鳞毛丛，中节基部和基节黄白色，背面暗褐色；额深灰色，两侧白色；头顶着褐毛，前部具黑白相间的毛；复眼外侧有白色毛；触角黑褐色，干腹红褐色，具栉齿和纤毛簇；头后缘褐色毛。领片黑褐色；胸部黑褐色，翅基片前端黄褐色，后部着黄白色长毛；胸部腹面白色。前足基节黄白色，中足腿节有黄白毛列，胫、跗节深褐色，胫节外侧有平伏的深褐色毛簇，及3个白斑，第1跗节基部也有1个较显的白斑，跗节内侧具小白斑4个；后足毛簇黑色，基半部背面被灰白色长毛。前翅黑褐色，内臀角边缘有黄白毛，透明区发达；端透区近似方形，外缘呈波状弧圆，5分区；前透区宽楔状，端部有脉干基根；后透区伸至中斑。腹部背面黑褐色，各节后缘有黄白色细带，腹面黄白色。

雄性外生殖器 近似日毛足透翅蛾 *Melittia nipponic* Arita et Yata，但抱器片较窄，端部毛群的斜线较斜，裂口也较深。

分布 中国（北部、南部），印度，日本，印度尼西亚（苏门答腊、爪哇）。

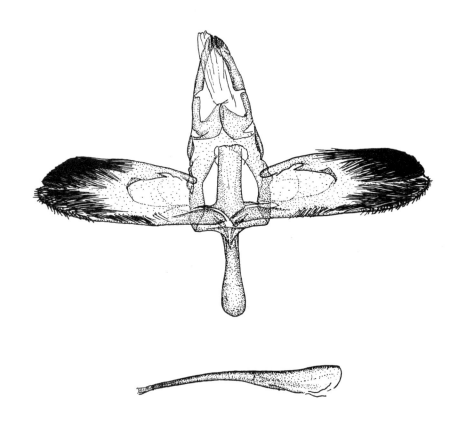

图56 墨脱毛足透翅蛾雄性外生殖器

（十五）透翅蛾属 *Sesia* Fabricius，1775

Trochilium Scopoli，1775［*Sphinx apiformis* Linnaeus，1761 =（*Sphinx*）*apiformis* Clerck，1759］

Aegeria Fabricius，1807

Setia Oken，1815

Sphecia Hübner，1819

Sometia Meigen，1830

Trochilum Walker

Trochilia Speyer et Speyer，1858

Sphecodoptera Hampson，1893

Glossophecia Hampson，1919

Aegina Sherborn，1922

Sphecoptera Dalla Torre and Strand，1925

Eusqhecia Le Cerf，1937

Aegenia Anon，1966

属征　体型较粗大。触角具顶小毛束。前翅大部分透明，端区不明显，或完全消失；R_4 脉伸至翅的前外角，R_5 脉伸至外缘；中斑不伸至后缘。雄性外生殖器的爪形突尾部裂缺，具 2 束刺毛；抱器片近似方形，冠部有形状不一的切缺，边缘着黑色刺毛，有的中、基部还有小瘤突和刺毛丛。雌性外生殖器的交配孔常呈漏斗状，交配囊一般有较小的囊突。

此属主要分布旧北界，已知 30 余种。我国分布 6 种。

分种检索表

1. 领片黑色 ·················· **杨大透翅蛾** *Sesia apiformis*（Clerck）

   领片黄色或青黄色 ·· 2

2. 领片青黄色。后足胫节内侧有黑色巨斑。腹部黑色，第 3 节前半部为宽黄带（雌为红褐色带），以后各节前部为红褐色窄带，或散生黄鳞 ··················

   ·· **花溪透翅蛾** *S. huaxica* Xu

   领片黄色 ·· 3

3. 腹部腹面黄色 ·· 4

   腹部腹面红褐色或黄褐色 ······································ 5

4. 腹部第 1、2 节背面红褐色，具黑色后缘，其余各节黄色，但第 4、5 节后缘
　　浅红褐色，第 3 节后缘黑色 ················· **沙柳透翅蛾** *S. gloriosa*（Le Cerf）
　　腹部第 1、2 节背面黑色，但第 2 节散生红褐色及暗黄色短毛；第 4、5 节黑
　　色，散生红褐色短毛················· **杨干透翅蛾** *S. Siningensis*（Hsu）
5. 腹部腹面各节黄褐色，均具黑褐色后缘 ···
　　·································· **天山透翅蛾** *S. przewalskii*（Alpheraky）
　　腹部腹面各节红褐色，均具灰黑色后缘 ······ **奥氏透翅蛾** *S. oberthuri*（Le Cerf）

56. 杨大透翅蛾 *Sesia apiformis*（Clerck），1759

Sphinx apiformis Linnaeus，1761

Sphinx vespiformis Hufnagel，1766

Sphinx crabroniformis Denis et Schiffermuller，1775

Sphinx sireciformis Esper，1782

Sphinx tenebrioniformis Esper，1872

Sphinx vespa Retzius，1783

Trochilium（*sic*）*apiformis ab. brunnea* Caflisch，1889

Trochilium apiformis ab. caflischii Dalla Torre and Strand，1925

Aegeria apiformis ab. rhodani Mouterde，1954

（图 57，图版Ⅳ-29）

大型，蜂状，翅展 35 ~ 45mm，体黑色。额鲜黄色，两侧有白边，头后缘黄毛；下唇须黄色，端部褐色；触角干背黑褐色，干腹褐色。领片黑色；翅基片前半部黄色；胸部腹面蓝黑色。前足基节黑褐色；腿节黄色，内侧黑色；胫节各跗节暗褐色，内侧锈褐色。后足基节、腿节黄色。前翅前缘、中斑较宽，后缘窄，均褐色，其余部分透明，无暗色端区，翅基部黑色，有 1 个黄斑。后翅透明，M_3 脉与 Cu_1 脉同出自下室下角，或共短柄。腹部第 2、3 节的前部及第 5 ~ 7 节全部黄色。

雄性外生殖器　爪形突发达，几乎与背兜同宽，基部略窄，后部稍圆阔，末端凹缺，两侧密着黑色刺毛；颚形突呈双指状；抱器片近似方形，冠部中区向外角凸，上着刺毛；抱器片背中、端部后缘具棒状毛瘤；抱器腹部外角及端缘也生有刺毛。阳茎长筒状，端膜生有小性刺。

雌性外生殖器　前表皮突长约后表皮突的 1/3；交配孔膜质，囊导管短粗，交配囊卵圆形，具圆形小囊突 1 枚。

分布　中国（新疆阿勒泰），记载中分布于旧北界中部、西部，并通过寄主传播至北美。

注评　此种在我国分布于新疆阿勒泰地区，与内地北方省区发生的杨干透翅蛾 *Sesia siningensis*（Hsu）有些相似，但其领片黑色，极易与后者（为黄色）区别。迄今为止，我国除新疆外，其他省区还未发现此种。

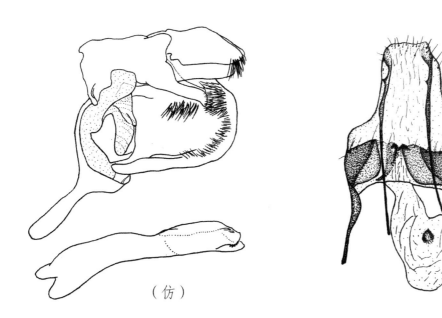

（仿）

图 57　杨大透翅蛾雌雄外生殖器

57. 花溪透翅蛾 *Sesia huaxica* Xu，1995

（图 58，图版 Ⅳ - 30）

雄蛾翅展 32～34mm，胡蜂状蛾类。颜面黑色，侧边白色；下唇须上举至头顶，黄色，基、中节着生长毛；触角栉齿状，末端具小毛束，暗褐色，基色正前方各饰有 1 个小黄斑；头顶被黑色长毛，后缘有一列灰白细毛；头周毛污黑色。领片青黄色；胸背紫黑色，翅基片及胸侧覆着黄褐色毛，后胸后缘生淡绿色毛丛；胸部腹面黑色，中胸后缘有一列青黄色毛。足黑色，前足基、腿、胫节着生红褐色短毛，跗节浅褐色。中足基节后端有黄褐片状鳞斑；腿节内侧前半部呈青黄色带，其后方密生紫褐色细毛；胫节内侧着红褐色短毛，外侧基部黄白，中后部红褐色，端距灰白；跗节浅褐色，散生黑色小刺。后足基节后端有黄褐色片状鳞斑；腿节内侧前沿呈青黄色带；胫节密着长毛，内侧除基部为褐黄色外，呈黑色巨斑状，外侧杂生红褐色及黑色毛，中部斜着 1 条青黄色纹，中端距灰白色；跗节内侧白色；外侧浅褐色，散生小黑刺。前后翅均透明，翅缘及脉、缘毛黑色。腹部背面黑色，第 3 节前部为鲜黄色宽带，第 4～5 节前缘为红色褐色窄带，第 6～7 节前半部也着黄鳞，但色带后缘不清晰；臀节前部着黄鳞，尾毛束混生黑色及暗褐色毛；腹面黑色自第 3 节起，各节前部均有红褐色带。

雄外生殖器 爪形突粗壮圆钝，着生黑色刺毛，突间呈"U"形凹入；颚状突愈合呈宽舌形；抱器片后缘平直，冠部密生黑色刺毛，外缘中部突出，前下角明显切缺，近内缘下方有1束刺毛；抱器背下方中央具1半圆形骨突，其上有纤毛；抱器腹外端角突小；囊形突短棒状，末端较细。阳茎端部圆突，密着性刺，端部后缘还有一列由更微小的性刺组成的性刺带；阳茎后端膨大，中央略凹入。

雌蛾似雄蛾。触角棒状，头顶覆毛红褐色，其他部位的饰毛毛色也较显红褐色；腹部背面第6~9节大部分着红褐色鳞。

雌外生殖器 后表皮突长约第8腹节的2倍；前表皮突约与第8腹节等长，基部弯拐；交配囊孔喇叭形，有分层的骨化环；交配囊梨形，上部一枚圆形小囊突。

分布 中国（贵州贵阳、西藏拉萨）。

注评 本种极似杨干透翅蛾 S. siningensis（Hsu），但个体略小，体色较深，特别是后足胫节内侧呈黑色巨斑状，跗节内方灰白色，雄蛾尾毛束大部分黑色等，均与后者不同。另外，两者的外生殖器结构也有明显差异：本种雄蛾的抱器腹外端角形片突小，囊形突较细，端部也不显膨大。雌蛾的交配囊孔呈喇叭状，有分层的骨化环，故极易区别。

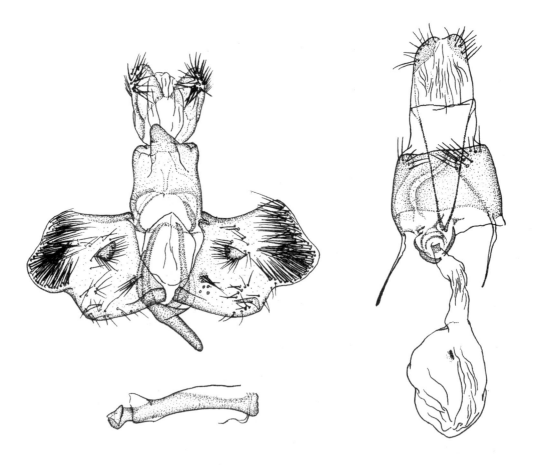

图 58 花溪透翅蛾雌雄外生殖器

58. 沙柳透翅蛾 *Sesia gloriosa*（Le Cerf），1914

Aegeria（*Sphecia*）*gloriosa* Le Cerf，1914

Sphecia mandarina Le Cerf，1916

（图 59，图版 V-31）

雌蛾翅展 51mm。额黑色，两侧白色；头顶白色，边缘具浅红褐色毛；头周缘及下唇须着黄毛；喙正常，浅黄色；触角黑色。领片黄色；中胸灰黑褐色，侧面黄色；翅基片黄色，在前翅基部前方灰黑褐色，边缘淡红褐色；后胸伏黄毛。前足基节浅红褐色；腿节黄色，有浅红褐色纹；胫节黄色，杂有浅红褐色；跗节红褐色。前翅透明，前缘、后缘和脉纹浅红褐色，前缘基部有 1 个黄斑。后翅透明，脉及缘浅红褐色，后缘基部黄色，缘毛红褐色。腹部第 1、2 节背面红褐色，具黑色后缘，其余各节黄色，但第 4、5节具浅红褐色后缘，第 3 节有清晰的黑色后缘；腹面黄色，各节着黑色后缘，并散生红褐色鳞。

分布　中国（西藏、陕西定边）。

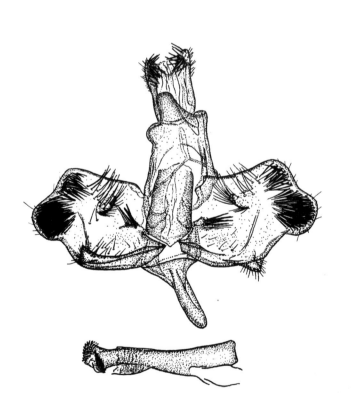
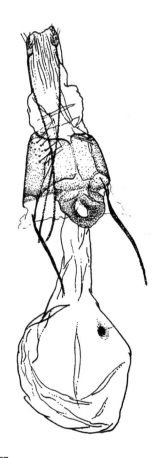

图 59　沙柳透翅蛾雌雄外生殖器

59. 杨干透翅蛾 *Sesia siningensis*（Hsu），1981

（图60，图版V-32）

雌蛾翅展38~43mm。额灰紫色，两侧白色；头顶复毛色前为红黄色，中为白色，后为灰黑毛；触角棒状，暗红褐色，背面着黑鳞，顶端有褐色小毛束。领片黄色；中胸紫黑色，两侧中后部有黄色长毛；后胸被青黄色长毛；翅基片中部黄色，前缘黑色，杂生红褐色毛，后端具红褐色和灰紫色长毛。前足基节黄红褐色，后足胫节外侧有1个白斑，内侧中部着黑色毛。跗节浅褐色，散生小黑刺。前后翅均透明，前翅前缘基有1个黄色小斑。腹部第1~2节黑色，第2节着红褐色及暗黄色短毛；第3节前部约1/2为黄色带；第4~5节黑色，散生红褐色毛；第6节黄色，后具黑边；第7节黄色，臀毛束红黄色；腹面第2~6节黄色，有灰黑色边。

雌性外生殖器 产卵瓣尖卵形，交配孔漏斗状，有轮皱；交配囊上部有长椭圆形标记，其周围散生小刺粒。

雄蛾翅展29~36mm。似雌蛾，但头顶被毛灰黑色，于单眼前方之间混有1列白色短毛；触角栉齿状，栉齿外侧具纤毛，基部有1个外侧突；翅基片中部带暗红褐色。

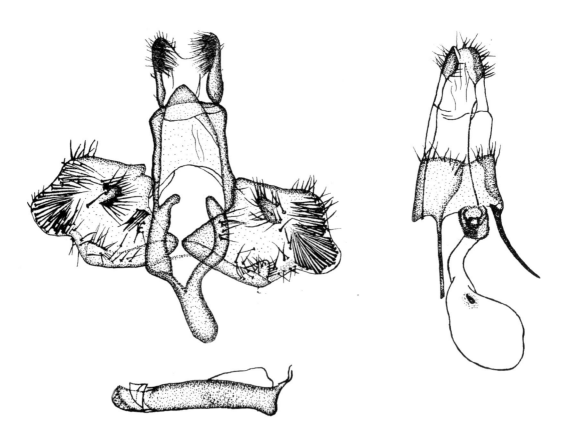

图60 杨干透翅蛾雌雄外生殖器

雄性外生殖器　爪形突两分叉，叉端生黑色刺毛；颚状突合并为舌形；抱器端着黑色刺毛，有宽大的方形突出部；抱器腹外端呈微向内弯的角突；抱器中部具一枚三角骨片，生细长毛，近基部另有 1 束黑色长刺毛，每束 5~7 根不等。阳端膜有半环外翻的角状器，膜质部分着较粗大的阳端刺；阳端鞘散生小刺；阳茎末端略凹入，两角钝圆稍扩伸。

注评　本种与奥氏透翅蛾近似，但本种：1. 雄蛾头顶被毛几乎全为灰黑色，雌蛾头顶之后部也为灰黑色；2. 后胸被青黄色毛；3. 腹部第 3 节黄色带甚宽，且无淡红色窄边；4. 腹部腹面黄色具灰黑色边。

Oberhtur 曾于西藏采得的一头雌蛾，由 Le Cerf（1914）定名为沙柳透翅蛾，与本种也颇相似，但 *gloriosa* 的雌蛾头顶后部无灰黑色毛，触角黑色；腹部第 4、5 节背面蛋黄色，具淡红棕色后缘（本种则为黑色，散生红褐鳞毛）。

分布　中国（北部、西北部）。

60. 天山透翅蛾 *Sesia przewalskii*（Alpheraky），1882

Trochilium przewalskii Alpheraky，1882

（图 61，图版 V-33）

雌蛾翅展 41mm，体黑褐色。额灰褐色，两侧白色；复眼外侧缘黄毛；头顶前部着黑色毛，后部着灰白色毛，头后缘黑色长毛；下唇须上举，中、基节腹面黄色，基节基部有些黄色长毛，侧面灰黑色，端节黄色；触角棒状，无纤毛，黑褐色，干腹暗红褐色。胸部黑褐色；领片黄色，近翅基有 2 条暗黄色纵纹；后胸后缘也着暗黄色长毛。足红黄色；后足外下方黑色，胫节内侧端半部为黑色长斑。前翅前缘、脉、缘毛、中斑暗褐色，其余部分透明，基部有 1 小黄斑，基部的背面有 1 个较大的红黄色横斑。后翅透明，M_3 脉与 Cu_1 脉共短柄。腹部第 1、2 节背面黄色，后缘黑褐色；第 3~6 节黄红褐色，后缘也为黑褐色；腹面各节黄褐色均具黑褐色后缘；臀束正常，背面暗黄褐色，尾端中部有红黄色毛，腹面呈褐色。

雌性外生殖器　前表皮突约与第 8 腹节等长，但仅及后表皮突长的 1/2，交配孔膜质，宽叉状；囊导管短粗，长仅约交配囊的 1/2；交配囊长卵形，无囊突。

分布　中国（新疆阿拉图、天山）。

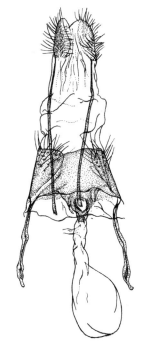

图 61　天山透翅蛾雌性
外生殖器

61. 奥氏透翅蛾 *Sesia oberthuri* (Le Cerf)，1914

Aegeria (*Sphecia*) *oberthuri* Le Cerf，1914

雄蛾翅展 39mm，雌蛾 42mm。额紫黑色，两侧具白色宽边；头顶后部伏白毛，前部伏黄毛；头周缘黄毛；下唇须黄色，基节红褐色。领片黄色；中胸黑褐色，两侧杂有浅红褐色；翅基片黑褐色，中部淡红褐色。足基节浅红褐色，腿节灰黑褐色，背脊部黄色；胫节外侧浅红褐色。后足胫节外侧中部有 1 个白斑，内侧着黑色长毛；跗节红褐色（特别中侧面及末端）。翅透明，基部黑色，前缘、后缘、脉锈褐色。腹部第 1、2、4、5 节背面黑褐色，第 3 节黄色有淡红色窄缘；第 6 节基部深黄色，其余为灰黑褐色；第 7 节深黄色，后缘浅红褐色；臀束红褐色。腹面各节红褐色，具灰黑色宽缘。

雌蛾与雄蛾相似。

分布 中国（甘肃峻口）。

（十六）台透翅蛾属 *Scasiba* Matsumura，1931

Scasiba taikanensis Matsumura，1931

Syanathedon Hübner，1819，（Heppner，1981）

Aegeria Fabricius，1807，（Hampson，1919）

Sesia Fabricius，1775，（Heppner，1981）

Sphecia Hübner，1819

属征 近似透翅蛾属。前、后翅大部透明，胸部背肩部多为橙红色。雄性外生殖器与透翅蛾属明显有别：抱器片前缘呈半圆形隆突，外端明显内斜，并有粗大刺毛群，后下角圆钝；略向后倾伸，抱器背又生有 1 束刺毛；抱器腹下缘近乎平直，外端部斜生 1 枚发达的抱器腹突。

此属世界仅知 4 种，我国记有 3 种。

分种检索表（据雄性外生殖器）

1. 抱器腹突长角片 ·························· **黑赤腰透翅蛾** *Scasiba rhynchioides* (Butler)

   抱器腹突棒状，末端圆钝或稍膨大 ·· 2

2. 抱器腹突上部明显向外下方弯曲 ············· **台透翅蛾** *Sc. taikanensis* Matsumura

   抱器腹突上部不向外下方弯曲 ············ **山胡桃透翅蛾** *Sc. caryavora* Xu et Arita

62. 山胡桃透翅蛾 *Scasiba caryavora* Xu et Arita，1994

（图62，图版V-34）

雄蛾翅展30mm，蜂形蛾类。下唇须平伸，基节生紫黑色长毛，中节着红黄色毛，端节褐红色；额浅灰色，两侧黄褐色；头顶黄褐色，头后缘及复眼外侧黄褐色，复眼后缘黑色；触角紫褐色，基段长约为总长的2/5，内侧黄褐色，栉齿状，但栉齿极短，远不及透翅蛾属的种发达，上着纤毛，末端有顶小毛束。领片黑紫色，侧端黄色；胸背至前翅基部近前方红黄色，其后紫黑色，胸侧腹面有2个黄色色斑。前足基节红黄色，基部有1个近似方圆形黑斑，端部也为黑色；腿节红黄色，胫节背面黑色，腹面红黄色；跗节红黄色。中足腿节黄色，下方黑色；胫节及跗节背面灰黑色，下方红黄色。后足腿节外侧黑色，背面及内侧黄色；胫节外侧黄色，中距基部有1条白色斜纹，中、端距之间及上脊部红褐色，脊端有1小束白毛；内侧基部黄白色，渐向后呈红褐色，其后均为紫黑色，鳞毛较长；跗节外侧黑色，内侧红褐色。前后翅均透明，翅缘、脉及缘毛黑褐色，泛暗红色光泽，中斑外方暗红色。腹部黑色，第1节后缘具细黄带，第2、3节中部暗红色，第4节前部黄带较宽；第5~7节大部为黄色，均有黑色后缘；臀束黄色，具1对黄黑相杂的侧毛束；腹部腹面黑色，第4~7节有较窄的红黄带。

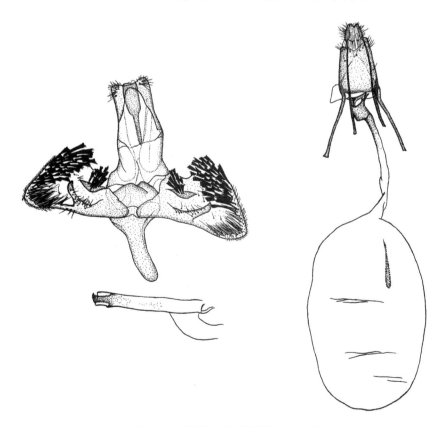

图62　山胡桃透翅蛾雌雄外生殖器

雄性外生殖器　爪形突方形，末端略凹入，两侧端密着短毛；抱器片略似三角形，外端区有粗大刺毛群，外下角圆钝，稍向后倾；抱器背有 1 丛刺毛；抱器腹下缘平直，外上方斜生 1 枚略弯曲的棒状腹突，突端圆钝；囊形突粗柄状。阳茎圆柱状，端部有 1 小刺突，顶端横齿钩状。

雌蛾翅展 30～34mm，似雄蛾，但额黄白色；触角棒状，前半段黑色，后半段红黄色。翅缘及脉泛红褐色，前翅端部的脉间有楔形细暗纹。腹部末 2 节背面金黄色，并明显缩窄。

雌性外生殖器　产卵瓣中等大小，后表皮突长约前表皮突的 1.4 倍；囊导端片圆杯状，靠近交配孔，囊导管端部稍骨化，管体较直，长约交配囊长的 1/2；交配囊宽大，卵形，上部有 1 条细长滴点状囊突。

分布　中国（山东、江苏南京、湖南江华）。

注评　此种近似赤腰透翅蛾 *Sc. molybdoceps*（Hampson），但它的抱器腹突明显较粗，端部也较圆钝；同时领片为紫黑色，后足胫节外侧及末端各生有 1 个白斑，腹部第 2～3 节背面暗红色。

63. 黑赤腰透翅蛾 *Scasiba rhynchioides*（Butler），1881

Sphecia rhynchioides Butler，1881

Sesia rhynchioides（Butler），1881

（图 63，图版 V–35）

雄蛾翅展 29～35mm。额灰黑色，两侧黄白色，靠近触角基部处着黄色长毛；头顶黑褐色，后缘有 1 列黄色长毛，其中杂生黑褐毛；触角黑色。下唇须尖削，基节黑褐色，但基部 1/3 橘黄色；中节黄色，端节橘黄色。胸部黑褐色，后缘着黄色长毛；领片黑色；翅基片黑褐色，前半部及内缘黄色。前足基节橘黄色，但基部黑褐色；腿节红黄褐色，下方一半为褐色；胫节红黄褐色，杂生褐色鳞；跗节红黄褐色，具黑褐色背纹。中足基节黑褐色；腿节橘黄色，下半部黑褐色；胫节基 2/3 黄色，端 1/3 红黄褐色，杂具黑褐色；跗节红黄褐色，杂有黑褐色。后足腿节黑褐色，上部 1/3 黄色；胫节黑褐色，外侧有 1 条细的黄色中带，内侧基 2/5 有少许黄色，后端除内侧外，杂有红黄褐色；跗节红黄褐色，基半部具 1 条黑褐色细纹，后半部杂有黑褐色。前翅透明，前缘、脉黑褐色，杂红黄褐色鳞，基部黑褐色，中斑很细，黑褐色，杂红黄褐色鳞；缘毛灰色。后翅透明，脉暗灰色，A$_3$ 脉着黄鳞，缘毛灰色。腹部背基部 2 节黑褐色，分别具黄色后缘；第 3 节黑褐色，杂生黄褐色鳞，后缘暗褐色；以后各节黑褐色，均具黄褐色细带；臀束黑褐色，密着黄白色长毛；腹面黑褐毛，各节前缘具黄斑，后缘为黄带。

雄性外生殖器　近似山胡桃透翅蛾，但抱器腹突为角片状，末端尖细，略向内弯。

雌蛾近似雄蛾，但头顶橘黄色；胸背肩部几乎完全橘黄色；腹部后 4 节红黄褐色，具黑色细的后缘。

分布　中国（山东），日本。

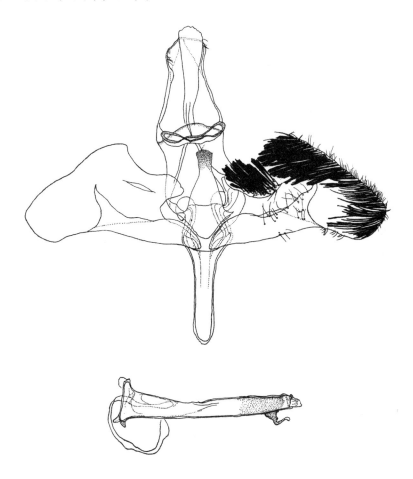

图 63　黑赤腰透翅蛾雄性外生殖器（仿）

64. 台透翅蛾 *Scasiba taikanensis* Matsumura，1931

Synanthedon taikanensis Matsumura，1931，（Hand writing）

Scabisa（*sic*）*taikanensis* Matsumura，1931，（Heppner，1981）

Synanthedon taikanensis（Matsumura），1931，（Heppner，1981）

（图 64）

未见成虫标本。据文献记述，该种雄性外生殖器之抱器腹突呈棒状，顶端稍膨大，向外下方弯曲，极易与属内各种区分。

分布　中国（台湾）。

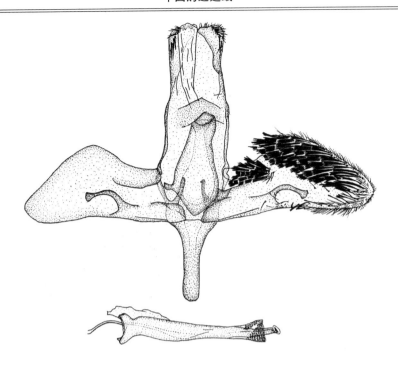

图 64　台透翅蛾雄性外生殖器（仿）

（十七）容透翅蛾属 *Toleria* Walker，1865

Toleria abiaeformis Walker，1865

属征　喙细弱；下唇须短，密着毛，端节细小；触角短，有顶小毛束。前翅 $R_{3,4,5}$ 脉共柄，R_5 脉于 R_3 脉从柄部分出，$M_{2,3}$ 脉向下弯。后翅 Cu_1、M_3 脉共柄，或出自一点。

此属世界已知 2 种，均产于我国。

分种检索表

腹部各节背面后缘金黄色 ······················· **申容透翅蛾** *Toleria abiaeformis* Walker

腹部背面仅第 1，3 节后缘为黄色带 ·············· **港容透翅蛾** *T. sinensis*（Walker）

65. 申容透翅蛾 *Toleria abiaeformis* Walker，1865

体黑绿色，胸部近翅基处有 1 个金黄色斑。翅透明，前翅前缘、中斑铜黄色，脉黄色。腹部末端黄褐色，各节后缘金黄色。

分布　中国（北部、上海）。

66. 港容透翅蛾 *Toleria sinensis*（Walker），1865

Sphecia sinensis Walker，1865

下唇须、前胸黄色，肩斑也为黄色。翅透明，脉褐色，前翅端区紫色，后翅黄色。腹部仅第 1、3 腹节背面后缘为黄色带，其余为褐色带；腹面各节后缘银白色。

分布　中国（香港）。

（十八）兴透翅蛾属 *Synanthedon* Hübner，1819

Sphinx oestriformis Rottemburg，1775（＝*Sphinx vespiformis* Linnaeus，1761）

Conopia Hübner，1819

Austrosetia Felder，1874

Teinotarsina Felder，1874

Pyrhotaenia Grote，1875

Ichneumenoptera Hampson，1893

Vespamima Beutenmuller，1894

Sanninoidea Beutenmuller，1896

Thamnosphecia Spuler，1910

Canopia（*sia*）Wileman and South，1918

Ramosia Engelhardt，1946

Sylvora Engelhardt，1946

Synathodon（*sic*）Wolfsberger，1961

Tipulia Krolicek and Povolny，1977

属征　体较细长。触角有顶小毛束。前翅 3 个透明区（至少有 2 个）显现，后透区长，位于前透区下方，伸至中斑；R_5 脉伸至翅顶角，端区大而清晰；中斑除个别种外，或多或少沿 Cu_2 脉伸达翅后缘。

此属是本科中最大的属，全世界已知 300 余种。我国目前记有 25 种，2 亚种，其中不少是重要的林果树害虫。

分种检索表

1. 前翅端区消失，外缘很窄 ……………………………………………… 2
   前翅端区明显，或外缘很宽 …………………………………………… 3
2. 额白色。前足橘黄色。腹部很细长 ………………………………………
   ……………………………… 白额兴透翅蛾 *Synanthedon auripes*（Hampson）

腹部长度正常，各节具黄色窄带，腹面几乎完全白色 ……………………
…………………………………………… 密兴透翅蛾 *Sy. melli*（Zukowsky）

3. 前翅端透区外缘明显向内弧凹 ………… 弧凹兴透翅蛾 *Sy. concavifascia* Le Cerf
不如上所述 ………………………………………………………………… 4

4. 前翅中斑后端不达翅后缘；后透区伸过中斑，直至端透区后缘的外端 ……
…………………………………………… 浅兰兴透翅蛾 *Sy. leucocyanea* Zukowsky
前翅中斑后端多少沿 Cu_2 脉伸至翅后缘；后透区伸过中斑，至多达端透区后
缘的基部 ………………………………………………………………… 5

5. 腹部硕长，第 1~3 节后缘有不甚明显的白色细带，第 4~6 节后缘为较宽的
暗红色刺毛带。为害厚朴 ………………… 厚朴兴透翅蛾 *Sy. magnoliae* Xu et Jin
腹部长度正常 ……………………………………………………………… 6

6. 腹部色带红色 ……………………………………………………………… 7
腹部色带黄色或白色 ……………………………………………………… 10

7. 腹部红色带 2 条 …………………………………………………………… 8
腹部红色带 3 条 …………………………………………………………… 9

8. 腹部第 4 节背面大部橘红色，第 6 节后缘橘红色 ………………………
…………………………………………… 昆明兴透翅蛾 *Sy. kunmingensis* Yang et Wang
腹部第 2、4 节具红色环带 ………………………………………………
………………………………… 蚊态兴透翅蛾二环亚种 *Sy. culiciformis biannulata* Bartel

9. 腹部第 2、4、5 节具红色环带，第 1、2 节有黄红色侧纹 …………………
………………………………… 蚊态兴透翅蛾三环亚种 *Sy. culiciformis triannulata*（Spuler）
腹部第 4、5、6 节具红色环带 ………………… 红叶兴透翅蛾 *Sy. hongye* Yang

10. 腹部色带白色 …………………………………………………………… 11
腹部色带黄色 …………………………………………………………… 14

11. 腹部白色带 1 条 ………………………………………………………… 12
腹部白色带 1 条以上 …………………………………………………… 13

12. 腹部第 4 节具显现的白色带，腹面污黄色 …… 草兴透翅蛾 *Sy. sodalis* Püngeler
腹部几乎完全黑色，仅第 4 节背面后缘为 1 条很细的灰白线。为害沙棘……
…………………………………………… 沙棘兴透翅蛾 *Sy. hippophae* Xu

13. 腹部第 2、4 节有白色带，腹面第 4、5 节全为白色。为害柿树 …………
…………………………………………… 柿兴透翅蛾 *Sy. tenus*（Butler）
腹部第 2、4、6 节有白色窄带，腹面第 2、4、5、6、（7）节后缘也为窄白
色带 …………………………………… 沪兴透翅蛾 *Sy. howqua*（Moore）

14. 腹部背面黄色带 1~2 条 ………………………………………………… 15
腹部背面黄色带 2 条以上 ……………………………………………… 18

15. 腹部通常仅第 4 节有黄色环带（有时经 5 节也有很不明显的细黄线）……
　………………………………………… **津兴透翅蛾** *Sy. unocingulata* Bartel
　腹部背面黄色带 2 条 ……………………………………………………… 16
16. 腹部第 4、5 节有黄色带 ……………… **苹果兴透翅蛾** *Sy. hector*（Butler）
　腹部第 2、4 节有黄色带 ……………………………………………………… 17
17. 腹部第 4 节黄色带宽达节长的 1/2，第 6 节腹面有明显黄色大斑。为害甜槠
　………………………………………… **遂昌兴透翅蛾** *Sy. suichangana* Xu et Jin
　腹部第 4 节黄色带宽不及节长的 1/2，第 6 节腹面只略带黄色，无明显的黄
　色大斑。雄性外生殖器抱器片形状、结构也不同于前种。为害海棠………
　………………………………………… **海棠兴透翅蛾** *Sy. haitangvora* Yang
18. 腹部第 2、3、4 节后缘为浅黄窄带 …………………………………………
　………………………………… **勐腊兴透翅蛾** *Sy. menglaensis* Yang et Wang
　腹部黄色带的节位不同，或黄色带数更多 ………………………………… 19
19. 腹部第 2、4、6 节有黄色带 ……………………………………………… 20
　腹部黄色带 3 条以上 ………………………………………………………… 23
20. 雄蛾腹部腹面第 4、5、6 节白色，雌蛾的第 4 节黄白色。为害榆树………
　………………………………… **榆兴透翅蛾** *Sy. ulmicola* Yang et Wang
　不如上所述 …………………………………………………………………… 21
21. 前足基节外侧黄色 ……………… **黑豆兴透翅蛾** *Sy. tipuliformis*（Clerck）
　前足基节外侧白色或灰白色 ………………………………………………… 22
22. 腹部腹面仅第 4、5 节后缘有不明显的黄色带 ……………………………
　………………………………… **板栗兴透翅蛾** *Sy. castanevora* Yang et Wang
　腹部腹面第 4、5、6 节黄色 ………… **黄腹兴透翅蛾** *Sy. flaviventris*（Staudinger）
23. 腹部背面第 2 节具较窄的黄色带；第 4、5、6 节大部分金黄色，仅后缘为黑
　色细纹 ………………………………… **粤黄兴透翅蛾** *Sy. auriphena*（Walker）
　不如上所述 …………………………………………………………………… 24
24. 腹部第 2、4、5、6（7）节具黄色带 ……………………………………
　………………………………… **景洪兴透翅蛾** *Sy. jinghongensis* Yang et Wang
　腹部第 3 节也有黄色带 ……………………………………………………… 25
25. 腹部各节后缘着黄毛，以末节的黄色带最宽。胸部背面无 3 条黄纹………
　……………………………… **金彩兴透翅蛾** *Sy. auritincta*（Wileman and South）
　腹部黄色带以第 4 节或第 2、4 节的最宽显。胸部背面有 3 条黄纹 …… 26
26. 额白色。腹部第 2~6（7）节有黄色带。前翅端区暗褐色 …………………
　………………………………………………… **檫兴透翅蛾** *Sy. sassafras* Xu
　额黄色。腹部各节后缘均有黄色带。前翅端区有 5 条黄纹 …………………
　………………………………………… **木山兴透翅蛾** *Sy. mushana* Matsumura

67. 白额兴透翅蛾 *Synanthedon auripes*（Hampson），1893

Ichneumenoptera auripes（Hampson），1893

雄蛾翅展 26mm，黑色，散生少的金黄鳞。额白色；触角黑色，着少量黄色鳞。前足橘黄色；后足胫节橘黄色，有 1 条蓝黑色纹，跗节蓝白色。翅透明，前翅无端区，脉、翅缘、中斑窄黑，着些黄色鳞片，缘毛褐色。腹部细长，长约等于翅展。

分布　中国（广东），缅甸（东部）。

68. 蜜兴透翅蛾 *Synanthedon melli*（Zukowsky），1929

Aegeria melli Zukowsky，1929

雄蛾翅展 36mm，体黑褐色。下唇须黄色；触角黑色。胸部后缘为黄色带。足黄色，具黑色纹。翅透明，略具浅褐色光泽，端片消失，基部也完全透明，脉纹、翅缘黑褐色。腹部各节背面后缘为黄色窄带，腹面几乎全为白色。

分布　中国（南部）。

69. 弧凹兴透翅蛾 *Synanthedon concavifascia* Le Cerf，1916

体紫黑色。下唇须背面黑色，腹面浅黄色。足以黄色为主。翅透明；前翅前缘、中斑紫黑色，外缘红黑色；端斑呈卵圆形，端透区大，外缘向内弧凹；中斑外侧有 1 个金黄色条斑。后翅正常。腹部第 2 节后缘为浅黄色带，第 4 节完全浅黄色；臀束腹面浅黄色，背面有 2 条浅黄纹。

分布　中国（广东），印度尼西亚（爪哇）。

70. 浅兰兴透翅蛾 *Synanthedon leucocyanea* Zukowsky，1929

雌蛾翅展 23mm，体黑色。触角黑色，干腹褐色。胸部具浅蓝色纹。足黑色，有浅蓝色斑。前翅前缘、外缘宽而黑色，端区消失，中斑明显内斜，后端不达翅的后缘；后透区伸过中斑，达端透区后缘外端；端透区较小，内斜；后缘具 1 个黄斑，前缘背面白色。后翅正常。腹部第 2、4、6 节背面有窄的白色带，腹面第 3、4、5 节具宽的白色带；臀束黑色，外侧白色。

分布　中国（广东）。

71. 厚朴兴透翅蛾 *Synanthedon magnoliae* Xu et Jin，1998

（图65，图版V-36）

雄蛾翅展24mm。头、额暗褐色，两侧具银白色边，头后缘毛黄白色；下唇须较长，下垂，中、基色腹面无长毛，黄褐色，背面暗褐色，端节暗褐色；喙发达，红褐色。胸部领片黑褐色，两侧端具浅黄色斑；背腹部暗红褐色，无明显纹饰。前足浅黄色；后足（含距、跗节）黑褐色，胫节较粗，密生黑色鳞毛，中部侧面有1个明显的黄斑，末端着白毛。前翅窄长，前缘、中斑、端区及后缘端部黑褐色；前透区较大，后透区伸过中斑，端透区大约端区的一倍，5分区，$R_{4,5}$脉共柄区的基部1/2，显现于透明区内。后翅透明，横脉前端为黑色小角点。两翅缘毛黑褐色。腹部硕长，背面黑褐色，第1~3节后缘有不甚明显的白带，第4~6节后缘为较宽的暗红色刺毛带；腹面第1~3节灰黑色，两侧有红褐色侧毛簇，第4~7节暗红色；臀束背部中央有两束黑色的长毛束。

雄性外生殖器　香鳞帚发达；抱器片窄长，端半部略前凸；抱器腹脊基部上刺毛列的刺毛宽而密，中部显较稀疏，端部则呈"S"状向后弯至抱器片腹缘；囊形突为开口的短园筒状，末端平截。阳茎较直，基部较膨大。

分布　中国（浙江松阳）。

注评　厚朴兴透翅蛾的雄性外生殖器抱器片，近似黑豆兴透翅蛾和柏兴透翅蛾 *Sy. spuleri*（Fuchs，1908），但它的抱器片背缘中部，不像这两种一样呈台阶状抬升。同时，本种硕长之腹部，以及腹部第4~6节背面有暗红色刺毛带，臀束背中央有1束黑色长毛束等，均与近似种有别。

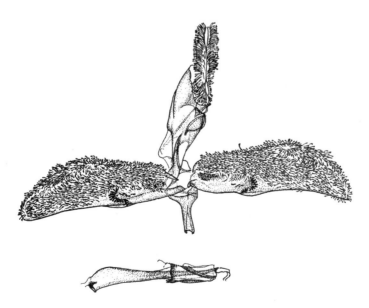

图65　厚朴兴透翅蛾雄性外生殖器

72. 昆明兴透翅蛾 *Synanthedon kunmingensis* Yang et Wang, 1989

（图 66）

体长 9mm，前翅长 7mm，后翅长 6mm。头部黑褐色，头后缘黄白色。触角黑褐，顶端具小毛束，雄蛾触角腹面具纤毛。复眼大，其前缘白色。下唇须腹面端半部黄色，基半部及背面均黑色。胸部黑褐色，胸两侧各有 1 个黄斑。足黑褐色，前足基节基半部外侧大部分为黄色，胫节被 1 束黑褐色小毛丛，其端部黄白色，跗节的端部均为黄白色；中足胫节上半部有 1 条黄白色纵条纹，胫端黄白色，胫端距大部为黄白色杂有黑褐色，跗节腹面黄白色，散生黑色小刺，第 1 跗节端部黄白色；后足胫节中、端距着生处黄白色，跗节情况同中足。前翅大部分透明，前缘具 1 条细橘红色边，翅脉和翅缘黑褐色；中斑黑褐，其中部橘红色，翅基部也为橘红色；端透区长，R_4 和 R_5 分叉点在透明斑中。翅反面前缘金黄，中斑大部橘红，中斑以内透明部分呈淡烟黄色。后翅透明，前缘金黄色，中横脉仅上半部被黑褐鳞，下半部光裸，透明部分呈淡烟黄色。腹部黑褐色，第 4 节背面大部分为橘红色，第 6 节后缘和尾毛丛末端也为橘红色。腹面第 4 节后缘黄色，两侧橘红色。

雄性外生殖器 囊形突小，颚形突片状发达，香鳞帚上生有分叉的毛；抱器发达，内生分叉的毛，抱器腹脊生有排成一字形的鳞毛。

分布 中国（云南昆明）。

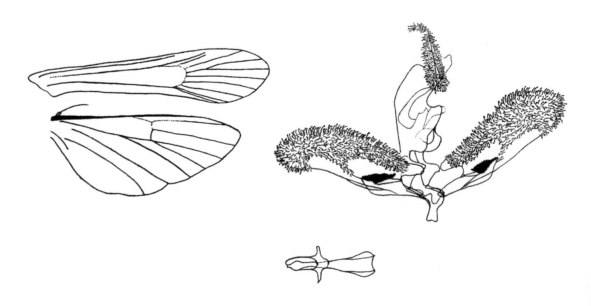

图 66 昆明兴透翅蛾翅脉及雄性外生殖器

73. 蚊态兴透翅蛾二环亚种 *Synanthedon culiciformis biannulata* Bartel，1902

腹部的红色环带，在第 2、4 腹节。

分布　中国（青海、黑龙江乌苏里）。

注评　蚊态兴透翅蛾广泛分布于全欧洲的桦树生长地区，东至西伯利亚和我国北方，有 4 个亚种（不含指名亚种）。我国发现 2 个红带型亚种，另外 2 个黄带型亚种，分布在北欧。

74. 蚊态兴透翅蛾三环亚种 *Synanthedon culiciformis triannulata*（Spuler），1910

Trochilirm culiciformis ab. triannulata Spuler，1910

（图 67，图版Ⅵ-37）

额两侧具白色带；下唇须红黄色，外侧黑色；触角匀黑色。胸部侧面有 1 个大红黄色斑，足蓝黑色，胫节内侧及跗节黄色。前翅基部散生红色鳞毛，端透区外缘略弧圆。腹部第 2、4、5 节具红色带，第 1、2 节有黄红色侧纹；臀束黑色，末端常具白毛。

雄性外生殖器　香鳞帚发达；颚形突短指状；抱器片的抱器腹脊发达，其背面基半部着生一短列粗壮刺毛，刺毛的长度渐向端部变短。

雌性外生殖器　前表皮突长约等于第 8 腹节。交配孔三角形；囊导管细长，长约交配囊的 1 倍；交配囊卵圆，无囊突。

分布　中国（青海、黑龙江乌苏里）。

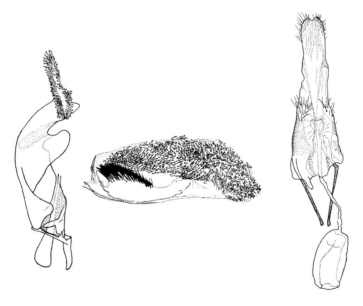

图 67　蚊态兴透翅蛾三环亚种雌雄外生殖器（仿）

75. 红叶兴透翅蛾 *Synanthedon hongye* Yang，1977

杨集昆教授因其特征鲜明，于1977年定为新种。

翅展19mm，体长10mm，体蓝黑色具光泽。头部仅基部环以灰白色毛；下唇须腹面中部有红色鳞毛。胸部侧面散生少许红鳞。足蓝黑色，后足胫节中部有白环，中、端距白色。翅大部透明，脉及翅缘黑色；前翅端区红色，翅基和脉上被有红鳞。腹部第4～6节端部为红色环带，腹侧红色部分加宽；臀束粗壮，蓝黑色。

分布　中国（北京香山）。

76. 草兴透翅蛾 *Synanthedon sodalis* Püngeler，1912

（图68）

雄蛾翅展24mm，暗褐色。下唇须及足暗色；触角具发达的纤毛列，无黄色细鳞。前翅中斑宽度适中，端透区宽约端区的1倍，5分区，外缘略向后弧斜。腹部第4节具白色带，腹面为污黄色。

分布　中国（青海）。

图68　草兴透翅蛾雄性抱器瓣

77. 沙棘兴透翅蛾 *Synanthedon hippophae* Xu，1997

（图69，图版Ⅵ-38）

翅展18～25mm。雄蛾额圆凸，黑色；头后缘毛红褐色，头顶具平伏的黑色毛。下唇须粗壮，黑色，腹面着长毛；端节短，光裸，背面浅白色。触角黑色，干腹有纤毛列。胸部黑色，具光泽。足黑色，有的后足胫节侧面灰白色。前翅前缘、端区、中斑及缘毛黑色，中斑内侧有1个小点；R$_{4,5}$脉柄端的叉脉基部透明。后翅透明，缘毛黑色。腹部的背、腹部几乎完全黑色，仅第 4 节背面后缘为 1 条细灰白线；臀束圆铲状，黑色。

雄性外生殖器　香鳞帚发达；颚形突圆片状。抱器片背部密着叉状感觉毛；腹脊上的刺毛列较长，长过抱器片中心点，外端部有 1 个短的分支；抱器腹缘有增厚的骨脊；囊形突短柄状，末端较细。阳茎端 1/2 细管状，稍弯曲，基部 1/2 渐膨大。

雌蛾近似雄蛾，但胸部侧面有 2 个黄绿色斑，腹部的背、侧面黑色，第 4 腹节具宽的白色带。

雌性外生殖器　前、后表皮突细长，两者约等长。囊导管 2/3 部骨化；交配囊圆形，无囊突。

分布　中国（青海民和）。

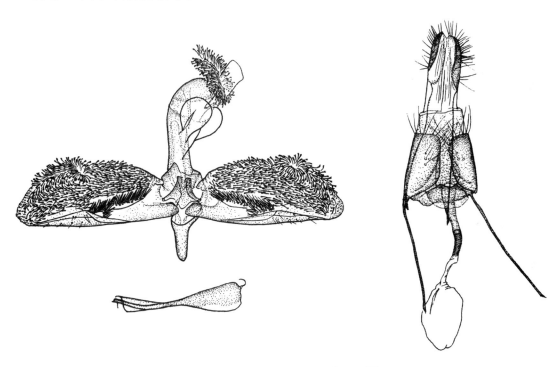

图 69　沙棘兴透翅蛾雌雄外生殖器

78. 柿兴透翅蛾 *Synanthedon tenuis*（Butler），1878

Aegeria tenuis Butler，1878

翅展约 18mm，体长约 9mm，蓝黑色。头部侧面和基部白色；下唇须腹面被白毛；胸部侧有大黄斑。足黑色，前足基节外侧白色，后足和中足胫节在距的基部有白色鳞片，跗节基部也带白色。翅透明，翅缘、缘毛、脉均为黑色。腹部第 2、4 节背面有白色横带，腹面第 4、5 节全为白色；臀束黑色，杂生有黄毛。

分布　中国（东北地区、北京），日本，朝鲜半岛。

注评　文献对此种的记述颇不一致，尤其是对腹部色带的条数、颜色，描述不完全相同，但都报道是为害柿树，腹部有白色带（或黄色带）的小型黑色种类。

79. 沪兴透翅蛾 *Synanthedon howqua*（Moore），1877

Aegeria howqua Moore，1877

Conopia howqua Hempson，1919

（图 70，图版 VI-39）

黑色至黑褐色小型种。雄蛾翅展 16mm，体长 7mm。喙正常；下唇须上举，外侧黑褐色，内侧灰白色；额浅褐色，两侧白色；复眼外着白毛；头顶有浅褐色毛；触角黑褐色，干腹黄褐色着纤毛，有顶小毛束。胸背及领片紫褐色，胸部腹面白色。足暗褐色，前足基节外侧及中足腿节的内侧大部白色；中足胫节外侧后部有白斑，端部和第 1 跗节端部白色，距灰白色；后足胫节中、端部及第 1 跗节端部白色；距灰白色。腹部黑色，第 2、4、6 节背面后缘为窄白色带，腹面第 2、4、5、6、（7）节后缘为窄白色带。

雄性外生殖器　香鳞帚发达；囊形突短柄状，末端平截；抱器片较窄长，端部向背方弯曲，末端呈乳突状；抱器腹脊的刺毛列排成"V"字形。阳茎较细短，长约抱器片的 2/5，前端直管状，端膜内有粒状物；基部膨大。

分布　中国（上海、浙江泰顺）。

图 70　沪兴透翅蛾雄性外生殖器

80. 津兴透翅蛾 *Synanthedon unocingulata* Bartel，1912

（图71，图版Ⅵ-40）

翅展 18～26mm，体长 9～13mm，黑色种。雄蛾额着紫褐色粗鳞，两侧白色；下唇须上举，外侧黑褐色，腹面淡黄色，内侧黄白色；头顶伏紫褐色粗长鳞，头后缘着紫褐色长毛，其后为一列黄白色毛，头周着浅黄色毛；触角暗褐色，棒状，雄蛾具纤毛。胸背、领片紫褐色；翅基片内缘有 2 条很细的黄色纵线；中胸两侧有大的黄斑。前足灰褐色，基节被黄色鳞片，内侧黄白色。中足灰褐色，胫节外侧有浅栗褐色的平伏毛簇，距和跗节灰白色。后足紫褐色，胫节中部、端部有黄白色毛簇，距和跗节外侧白色。前翅前缘、中斑、脉纹、端区黑褐色；端透区外宽内窄，5 分区，覆鳞的 $R_{4,5}$ 脉的叉基部楔入，外缘较直；中斑宽度适中，略呈弯月状；后透区伸过中斑，达端透区后缘基部。后翅透明，翅缘很窄细，横脉着鳞呈小三角形。两翅缘毛黑褐色。腹部第 4 节具黄色环带（有的标本环带背面为白色，腹面为浅黄色），第 5 节后缘有时也为很细的黄线；臀束正常，但背面有 2 条黄色纵纹。

雌蛾似雄蛾，但胸部背面无黄色细纵纹；触角略呈暗红褐色，不具纤毛簇。

雄性外生殖器　香鳞帚发达；颚形突耳叶形；囊形突短柄状；抱器片厨刀形，较窄长；抱器腹脊较短，其上具 1 列刺毛。阳茎长约抱器片的 1/2，前部细管状，渐向基部膨大。

图 71　津兴透翅蛾雌雄外生殖器

雌性外生殖器　前、后表皮突很细长，两者长度约相等，长约第8腹节的3倍。交配孔呈三角漏斗状；囊导管细长；交配囊长卵圆形，具1条细长囊突。

分布　中国（天津、黑龙江龙江），日本，朝鲜半岛。

81. 苹果兴透翅蛾 *Synanthedon hector*（Butler），1878

Aegeria hector Butler，1878

（图72，图版Ⅵ-41）

雄蛾翅展22~26mm，体蓝黑色。额暗褐色，两侧有白边；头顶着黑色长毛；头后缘黄毛，但黄毛上部为黑色。下唇须上举过头顶，基、中节腹面黄色，内侧黑色；端节黑色。触角背面黑色，干腹暗褐色。胸部黑色，翅基片内缘黄色，中胸侧面有黄色斑。足紫黑色，前足基节外侧黄色，腿节、胫节下方黄色，胫节后部生有长毛。中足胫节的中、端部黄色；跗节的第1节黄色，其余各节端部也为黄色。前翅透明，前、外缘、后缘、中斑宽而紫黑色，脉纹也为紫黑色；前、后缘散生黄鳞；翅背面的前缘及其他部分弥散黄鳞。后翅透明，脉纹及翅缘紫黑色，横脉前半段着有鳞片；缘毛褐色，后缘着白毛；翅背面前缘黄色。腹部黑色，第1、2节侧面具黄色纵纹，第4、5节后缘为黄色带，两侧包向腹面，使这2节的腹板完全黄色；第2节背面也有很窄的黄色带；臀束黑色，边缘杂生橘黄色毛。

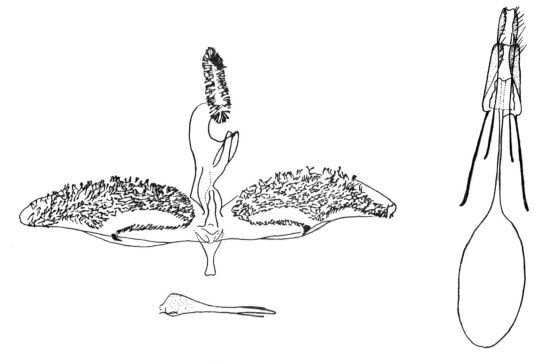

图72　苹果兴透翅蛾雌雄外生殖器（仿）

雄性外生殖器 香鳞帚发达；颚形突尖耳状；囊形突短柄状，末端较平；抱器片端部 1/2 略切削；抱器腹脊上的刺毛列较细长，约平行，近后缘处有 1 短弯钩。阳茎较细短，长约抱器片的 1/2，基部明显扩大。

雌蛾翅展 24~30mm，似雄蛾，但臀束有裂缺，黑色，侧面杂生浅橘黄色毛。

雌性外生殖器 交配孔杯状；囊导管很细长，基部略骨化；交配囊长卵圆形，无囊突。

分布 中国（东北、华北地区），日本，朝鲜半岛。

82. 遂昌兴透翅蛾 *Synanthedon suichangana* Xu et Jin, 1998

（图 73，图版Ⅵ-42）

雄蛾翅展 18mm。额黑褐色，复眼内侧具白色边缘，头顶及头后缘毛黑褐；触角暗褐，干腹具细小齿列及纤毛；下唇须微上举，无长毛，外侧及背面黑褐色，内侧浅黄褐色。领片黑褐色；胸部背面除后胸后缘着淡灰黄褐色长毛外，均为黑褐色。胸部侧部上方及前足基节外侧浅灰黄色，前胫节端及中、后胫节的中部和端部外侧有浅灰褐色小斑，后胫节内侧基部 1/2 及端部也为浅灰褐色；中、后跗节内侧灰白色。前翅前缘、后缘、中斑、端区及脉，均黑褐色；前透区发达，透明，内无脉痕；后透区伸至中斑；端透区大，高大于宽，外缘直而内斜，$R_{4,5}$ 脉共柄区的基角部显露于透明区内。后翅全透明，中室横脉仅在靠近后翅前缘处成黑褐色小点，其后甚细。两翅的缘毛黑褐色。腹部黑褐色，背面第 2 节有窄黄带，第 4 节有宽达节长 1/2 的黄色环带；腹面除第 4 节具黄带外，第 5、6 节中部为黄色大斑，第 7 节后缘也有不明显的窄黄带；臀束黑褐色，两侧具黄色毛束。

雄性外生殖器 香鳞帚发达；颚形突呈宽拇指状；抱器片背中部明显向前缘凸，腹缘基 1/2 部略向后突出；抱器腹脊为新月形骨片，骨片内缘 2/3 部着生与抱器片腹缘平行的刺毛列，外端也散生少数刺毛；囊形突短粗，末端平截。阳茎后部宽，向端部渐变细尖，稍弯曲。

分布 中国（浙江遂昌、山东泰安）。

注评 遂昌兴透翅蛾近似极地兴透翅蛾 *Sy. polaris* (Stgr. 1877)，但本种前翅除端区外的非透明部分均为黑褐色，不弥散有橘红色鳞片；腹部第 4 节背面黄带很宽；抱器腹脊背部的刺毛列基本与抱器腹缘平行，且刺毛列下方无游离的小刺毛簇。与海棠兴透翅蛾 *Sy. haitangvora* Yang, 1977 的区别是：下唇须腹面无黄毛，腹部腹面第 6 节也有黄斑，臀束两侧有黄色毛束。与苹果兴透翅蛾 *Sy. hector* (Butler, 1913) 也有些相似，但本种腹部背面的黄带在第 2、4 节，雄性外生殖器的抱器腹脊外形也不同。

图73 遂昌兴透翅蛾雄性外生殖器

83. 海棠兴透翅蛾 *Syanathedon haitangvora* Yang，1977

（图74，图版Ⅵ-43）

翅展 19～22mm，体长 11～14mm。头顶额黑色，额两侧白色；复眼灰黑色；头后缘鲜黄色，杂生少许黑毛；头侧下方各有 1 束乳白色毛簇；下唇须上举，腹面黄色，背面黑色；喙发达；触角黑褐色。胸部背面黑褐色，侧面具 1 近似三角形大黄斑；领片黑褐色；翅基片内侧具不甚明显的黄色纵纹。前足基节外侧黄色，腿节褐色，胫节灰黑色，内侧具红褐色毛，跗节灰褐色。中足腿节、胫节灰黑色或黑色，胫节中部有 1 个小白斑，末端有白色长毛束；端距 1 对，长距长为短距的 2 倍；跗节浅色，有黑色小刺列。后足黑褐色，胫节中部有 1 个白斑，末端着白色长毛，中、端距各 1 对；跗节正常，暗褐色。前翅脉纹、中斑黑褐色，端区灰褐色；端透区 5 分区，有 $R_{4,5}$ 脉透明的共柄基叉部楔入；后透区伸过中斑，达端透区后缘基部。后翅透明，翅缘极窄。两翅缘毛暗褐色。腹部黑褐色，第 2、4 节后缘为鲜黄色带，其中以第 4 节的黄带较宽，并环至腹面；第 1、2 节侧面黄色；腹面第 5 节中央黄色，第 6 节中央也带不太明显的黄色；臀束发达，黑褐色，似箭头状，雄蛾的后方两侧的边缘黄色，雌蛾则具 2 束黄毛纹。

雌性外生殖器 前、后表皮突细长，两者约等长，长约为第 8 腹节 2.5 倍。囊导端片短小；囊导管很细长；交配囊长袋状，无囊突。

雄性外生殖器 近似津兴透翅蛾，但抱器片腹缘外端为小角突。

分布 中国（北京、河北昌黎、辽宁兴城）。

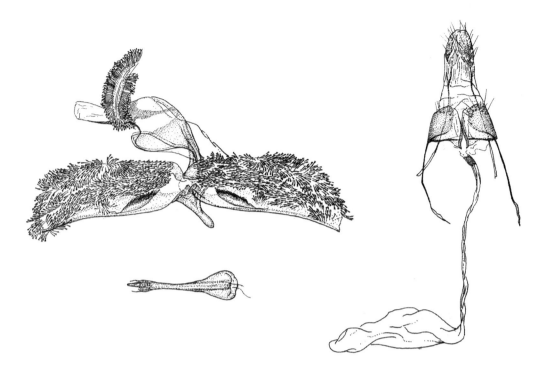

图74　海棠兴透翅蛾雌雄外生殖器

84. 勐腊兴透翅蛾 *Synanthedon menglaensis* Yang et Wang，1989

（图75）

体黑褐色，体长10mm，前翅长8mm，后翅长6mm。头黑色，头后缘黄色，额银白色；触角黑褐，腹面锈红色，顶端具黑褐色毛束，雄蛾触角腹面具纤毛；复眼大，黑褐色，前、后方各具1条白带；下唇须腹面淡黄色，背侧黑褐色。胸部黑褐色，胸侧具大黄斑。前足基节外侧黄白色，内侧黑褐色，胫节具1束不明显的黄褐色毛簇，跗节腹面黄白色，前足的其他各部分为黑褐色。中足黑褐，胫节基部具黄白色毛簇，仅胫距腹面和跗节腹面黄白色，跗节腹面还散生黑色小刺。后足黑褐色，胫节端浅黄色，中、端距腹面和跗节腹面黄白色，跗节也散生黑色小刺。前翅透明，端斑、中斑、翅脉、翅缘为黑褐色；$R_4 + R_5$分叉点在透明区，但叉间充满黑褐色鳞片；反面在端斑内具楔形黄色斑纹。后翅透明，前缘浅黄色，中横脉光裸，翅基部后缘具灰白色长毛。腹部黑色，第2、3、4节后缘具很狭的浅黄带；第1～4节侧缘浅黄色；腹面第3节至末节各节后缘均为浅黄色，第2节后缘色比同节浅；尾毛丛扇状黑褐色。

雄性外生殖器　颚形突片状发达；抱器腹脊着生密鳞排成勺状。阳茎基部膨大。

分布　中国（云南勐腊勐仑）。

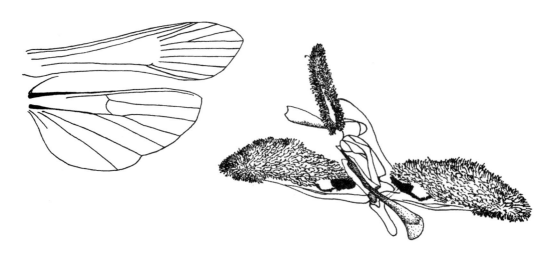

图 75   勐腊兴透翅蛾翅脉及雄性外生殖器（仿）

85. 榆兴透翅蛾 *Synanthedon ulmicola* Yang et Wang, 1989

（图 76，图版Ⅵ-44）

体长 9～12mm，前翅长 7.5～9.5mm，后翅长 6～7.5mm。体黑色，具蓝紫色光泽。头黑色，后缘杂有少量黄、白色鳞；复眼前方有白色鳞片带，复眼后方白色；下唇须腹面白色，有些个体杂有少量金黄色，顶端黑色，背面浅黄色，外侧黑色；复眼大，黑色；触角黑色，顶端具黑色小毛束，雄蛾触角腹面具纤毛；喙发达，棕色。胸部黑色，胸侧具黄斑。足黑色，前足基节外侧白色，有些个体杂有黄色；胫节内侧黄色，胫节端和第 1 跗节端白色。中足胫节中部有 1 个白斑，胫端和第 1 跗节端白色，两端距背面黑褐色有光泽；跗节腹面黄白色。后足胫节中、端距着生处各有 1 个白环；第 1 跗节端白色。前翅端斑黑褐色较大，中斑也较宽，$R_4 + R_5$ 分叉点在端透明斑中，但叉间充满黑褐色鳞片；翅缘和翅脉均被黑褐鳞，并杂有少量杏黄色鳞片，缘毛黑灰色；前翅反面中斑以内的不透明区均黄色，端斑各纵脉间具黄色楔形纹，余各部分黑褐色。后翅前缘正反面均黄色，中横脉被黑鳞形成倒三角形；外缘、后缘和各脉均黑褐色，具光泽，缘毛大部分黑褐；靠近翅基部为灰白色，翅基具灰白色长毛。腹部黑色，第 2、4、6 节背面后缘具黄带，其中第 2、4 节的明显，第 6 节的较弱，第 4 节黄带宽于第 2 节，第 2 节黄带从侧面伸达第 1 节；腹面观雌蛾第 4 节为黄白色，雄蛾第 4、5、6 节全部苍白色；尾毛丛黑色，雄蛾箭头状，后半部两侧黄色，雌蛾扇状，两侧扇缘黄色。

雄性外生殖器   囊形突短宽，抱器腹脊鳞毛排成横 L 形。

雌性外生殖器   交配囊卵圆形，交配囊导管近基部一部分骨化，下方具 1 个皱折区。

分布   中国（宁夏银川、辽宁法库）。

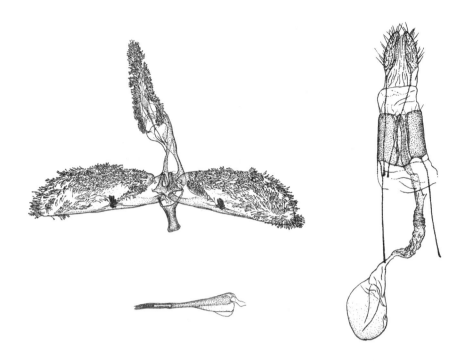

图76　榆兴透翅蛾雌雄外生殖器

86. 黑豆兴透翅蛾 *Synanthedon tipuliformis*（Clerck），1759

Sphinx salmachus Linnaeus，1758

Sphinx tipula Retzius，1783

Sesia myopaeformis ab. bicingulata Rebel，1910

（图77，图版Ⅶ-45）

体长8～10mm，翅展14.5～16mm，黑色种。头部黑色，头后缘黄色；复眼前方具白色鳞带；触角黑褐，雄蛾触角腹面具纤毛；下唇须腹面黄色。胸部黑色，胸侧具黄斑，肩片内侧黄色。前足基节外侧黄色，胫节内侧具1束黄色毛簇，跗节腹面黄色。中足胫节内侧具黄色毛丛，距及跗节内侧黄色。后足胫节中、端部各具1黄环，胫距黄色；跗节腹面黄色。前翅端斑大，$R_4 + R_5$分叉交点在端区中，中斑宽。后翅中横脉上半部被黑鳞，排成倒三角形，下半部光裸；翅基部具黄白长毛。腹部黑色，第2、4、6节和雄蛾第7节后缘具黄带，第1、2节侧缘黄色，第6节和雄蛾第7节侧缘具少许黄色鳞片；腹面第4节后缘具细黄边，两侧渐宽；尾毛丛黑色。

雄性外生殖器　颚形突很发达，抱器腹脊鳞毛排列成斜对2行。

雌性外生殖器　交配囊导管基部骨化，交配囊卵形。

分布　中国（黑龙江），欧洲，北美洲，新西兰。

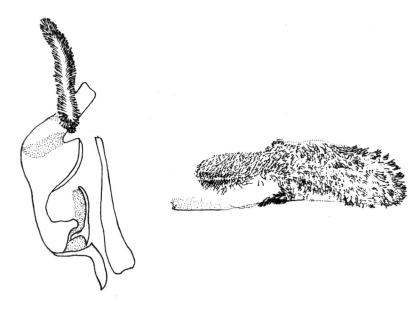

图77　黑豆兴透翅蛾雄性外生殖器（仿）

87. 板栗兴透翅蛾 *Synanthedon castanevora* Yang et Wang，1989

（图78，图版Ⅶ-46）

体长 9~10mm，前翅长 7~8mm，后翅长 6~6.5mm。中小型、黑色种，体具蓝紫色光泽。头部被鳞光滑，基部具白色鳞毛，额圆凸具光泽，两侧沿复眼内缘密生白鳞；复眼黑褐色，单眼雄白色，雌红色；下唇须黄色，中节端部及端节杂有黑色；喙发达，棕褐色。触角长达前翅的2/3，黑色，棒状，末端具小毛束；雄腹面具纤毛。胸部光滑，肩片的内缘有细的黄边，但多不显著；侧板有黄色斜斑带。足黑色，具黄白色斑；前足基节外侧具白色纵带；中足胫节的一对端距和后足胫节的中距、端距均为黄白色；胫节上的黄白色斑在中部及末端，跗节的斑在各节端部，跗节腹侧也多呈黄白色。前翅透明，前缘黑色具紫色光泽，杂有少许黄鳞；翅端有黑色宽边，其中在脉的两侧也有一些黄鳞；中室端具黑色横带，翅脉均具黑鳞。后翅透明，前缘黄色，翅脉除中室端横脉光裸外，各脉均被黑鳞；翅外缘至内缘均具黑边，缘毛黑色。腹部背面黑色，第2、4节后缘具黄色横带，第6节后缘也有不显著的黄带；腹端具发达的扇状毛丛，黑色，端部两侧杂有白色鳞毛；腹部腹面黑色，仅第4、5节后缘有不明显的黄边。

雄性外生殖器　香鳞帚发达；抱器大而长，端部渐狭，内面大部分均密生鳞毛；抱器腹脊具小刺呈倒"V"形排列；囊形突短小。

雌性外生殖器　交配囊为卵形，囊导管较囊略长，其基半段骨化较深。

分布　中国（北京密云、河北迁西）。

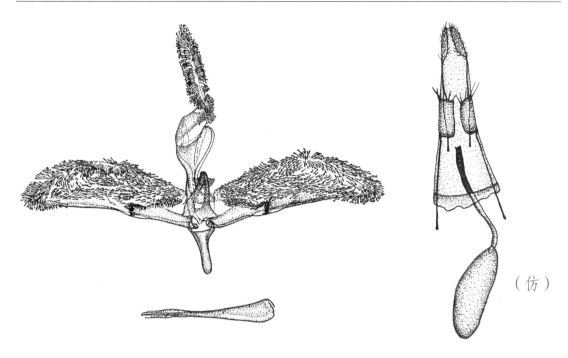

图 78　板栗兴透翅蛾雌雄外生殖器

88. 黄腹兴透翅蛾 *Synanthedon flaviventris*（Staudinger），1883

Sesia flaviventris Staudinger，1883

Synanthedon flaviventris ab. fulva H. Turner，1928

（图 79，图版Ⅶ-47）

雌蛾翅展 16mm，黑褐色。头顶着紫褐毛，头后缘黑毛；额黑色，两侧白色；复眼外侧缘灰白色毛；喙正常；下唇须上举，外侧黑褐色，内侧灰白色；触角黑褐色，基部白色。领片、翅基片及胸背黑褐色，胸侧浅黄色。足黑褐色，前足基节外侧灰白色，中、后足胫节中、端部着少许灰白色刺毛。前翅中斑宽，黑褐色，外缘呈弧形内斜；端透区窄而小，5 分区，最上的小斑明显较长，约与中斑等宽，向后斜。腹部第 2、4、6 节有黄色带，第 4~6 节腹面黄色。

雌性外生殖器　囊导管基 1/2 直管状，骨化；后 1/2 膜质，其基半部膨大，并多皱；交配囊卵圆形，无囊突。

雄性外生殖器　抱器片长度适中，端部斜削；抱器腹脊上的刺毛呈斜向直列，刺毛长度渐向端部变短。

分布　中国（北京百花山），欧洲。

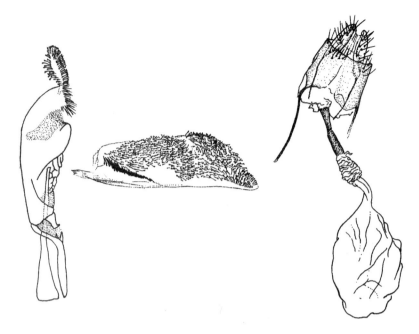

图 79　黄腹兴透翅蛾雌雄外生殖器

89. 粤黄兴透翅蛾 *Synanthedon auriphena*（Walker），1865

Aegeria auriphena Walker，1865

Synanthedon subauratus Le Cerf，1916

　　雌蛾翅展 20mm，黄色种。下唇须黄色。胸部有黄纹。足几乎完全金黄色。前翅透明，前缘、脉纹蓝黑色，后缘金黄色；端透区正方形；端区宽而黑，具黄纹。后翅基部有些金黄色，翅缘窄而黑。两翅背面前缘窄、黄。腹部第 2 节具黄带，第 4、5、6 节大部金黄色，后缘具黑线纹；臀束背面金黄色。

　　分布　中国（广东），新几内亚，印度尼西亚（西里伯岛）。

90. 景洪兴透翅蛾 *Synanthedon jinghongensis* Yang et Wang，1989

（图 80）

　　体长 8.5~10mm，前翅长 7~9mm，后翅长 5.5~7mm，黑色种。头黑色，头后缘黄色；触角黑色，顶端具黑色小毛束，雄蛾触角腹面具纤毛；复眼前、后方各具一白带；下唇须黄色，背面端半部杂有黑色；喙发达，棕色。胸部黑色，肩片四周黄色，胸侧具大片黄斑，整个胸部后缘黄色。前足基节大部分为黄色，仅内侧一窄条为黑色；第 1 跗节下方被黄色小毛丛，各跗节大部分为黄色，其余各部分黑色。中足胫节基半部、端部、距、跗节腹面黄色。后足胫节中距端距及其着生处、第 1 跗节背端及第 2 跗节至第 5 跗节腹面均黄色，第 1 跗节腹面基部黄色，其余部分黑色。前翅端、中斑与各脉、翅缘均黑褐色，$R_4 + R_5$ 分叉交点在透明斑中；翅反面基部至中斑之间的不透明区均黄色，中斑至翅端不透明区黑色，端区中有少量黄色。后翅中横脉呈倒三角形，下部光裸；缘毛黑灰色，近基部处色渐浅；翅下方长有灰白色长毛，反面前缘黄色，后缘及各脉基部也为黄色。腹部背部黑色，第 2、4、5、6 节后缘具黄带；雄蛾第 7 节后缘也具黄带，第 2、4节黄带明显，第 5、6、7 节较弱；雌蛾第 4 节黄带较宽，约为本节的 1/2～2/3；第 1、2、4 节整个侧缘黄色，第 5、6、7 节侧缘仅有少量黄色。腹面第 2 节基部黄色，第 4、5、6 节及雄蛾第 7 节大部为黄色，仅在两侧具少量黑色。尾毛丛大；雌蛾尾毛丛背面大部分和腹面两侧为橘红色，但有的标本背面端部和腹面两侧黄色，其余部分黑色；雄蛾尾毛丛扇状，背观中部和两侧、腹面尾端均橘红色，其余部分黑色。

雄性外生殖器　囊形突较大；颚形突中等大小；抱器大部分区域密生分叉的毛，抱器腹脊分叉的毛和另一种不分叉的狭鳞片排成倒斜 T 字形。

雌性外生殖器　交配囊中等大小，卵圆形；囊导管基部一小段骨化。

分布　中国（云南景洪）。

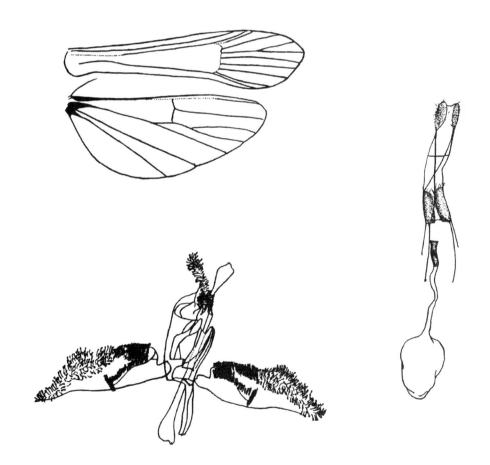

图 80　景洪兴透翅蛾翅脉及雌雄外生殖器（仿）

91. 金彩兴透翅蛾 *Synanthedon auritincta*（Wileman and South）, 1918

Conopia（sic）auritincta Wileman and South, 1918

雄蛾翅展 18mm，体黑色。胸部侧面着黄色鳞毛。前翅透明，前、外缘、脉纹及较宽的中斑黑色；后缘 2/3 黄色，端区伏黄鳞。后翅脉纹及外缘黑色，前、后缘黄色；翅缘区散生橘黄色鳞片。缘毛灰色。腹部腹节边缘着黄毛，末节具宽的黄色带。

分布 中国（台湾）。

92. 檫兴透翅蛾 *Synanthedon sassafras* Xu, 1997

（图 81，图版Ⅶ–48）

翅展 19~22mm。额白色，头顶被紫褐色毛，其间杂有少许黄毛；头周毛后缘黄色，两侧白色；触角有端毛束，鞭节干背暗褐，干腹为黄、褐色相间，但向端部的 1/4 部分暗褐色；喙正常；下唇须黄色，无毛饰，上举至触角基部，末端尖。领片紫黑色，两侧各有 1 个小黄斑；胸部背面具 3 条黄色纵纹；后胸后缘为黄色横带，近前翅基部有 1 个横黄斑；后胸盾片、肩斑及背面中部的 2 条暗色纵纹紫褐色。各足除腿节背面淡紫褐色外，余均为黄色；后足胫节在端距基部上方外侧有 1 个大而显眼的黑斑。前翅端区大小正常，暗褐色；透明区显见；R_4、R_5 脉共柄，柄长约与叉脉部的长度相等，叉区被鳞，伸入外透区；中斑黑色，末端伸至后透区外端之前方；前、后翅缘毛黑褐色。腹部腹面黄色；雌蛾的第 2、3、4、5、6 腹节及雄蛾的第 7 腹节背面后缘为黄带，其中以第 4 腹节的黄带最宽（雄蛾第 2、4 腹节最宽）；臀束发达，除中央及两侧有黑纹外，余为红黄色，具两列竖立的粗壮黄毛；雄蛾的臀束长而黑，背面中部有两条细黄色纵纹，无竖立的黄毛列。

雄性外生殖器 香鳞帚掸状；抱器片厨刀形，全片 4/5 着叉形感觉细毛；背部呈宽弧凸面，端部稍向下圆突，抱器腹略微扩展；刺状性毛列短小，成长点状，着生于抱器腹的边缘；囊形突长乳头状。阳茎细长，棒状，后部明显变粗；端膜内有若干不规则的粒形物。

雌性外生殖器 产卵瓣较细长；后表皮突略长于前表皮突；囊导管细长，前半段膜质，后半段为骨化直管，末端明显扩大，膜、骨两段之间，有一节具横皱的膜管区；交配囊梨圆形，无囊突。

分布 中国（湖南、江西铜鼓）。

注评 檫兴透翅蛾非常近似在菲律宾（吕宋）发现的 *Synanthedon cirrhozona* Diakonoff。但后者前翅端区梭形，R_4、R_5 脉叉区透明；后足胫节紫黑色，只有 2 个细小黄带，而端外侧无大而显眼的黑斑；同时抱器片也显较窄长，背缘外端部并有不规则的曲

折；囊形突长楔状，末端平截，不难与本种区分。与近似种楔兴透翅蛾 *S. sphenodes* Dia-
konoff（1967）的主要区别是：后者之后足和腹背的纹饰不同；抱器片背缘中部略凹入，
腹缘中基部较平直；阳茎基部扩展成骨关节形，很易鉴别。

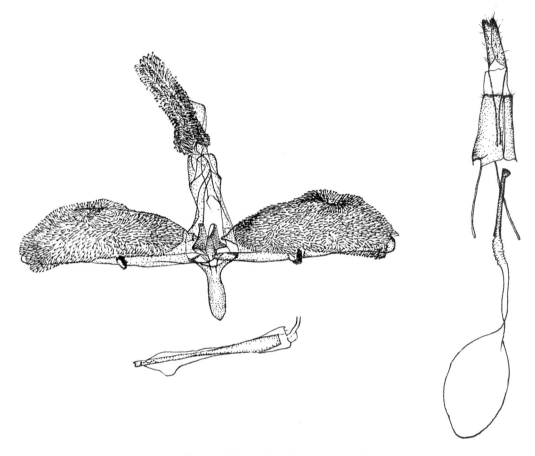

图 81　檫兴透翅蛾雌雄外生殖器

93. 木山兴透翅蛾 *Synanthedon mushana*（Mats.），1931

Conopia mushana Matsumura，1931

（图 82，图版Ⅶ-49）

　　小型具黄纹的黑褐色种。雌蛾翅展 21mm，体长 11mm。喙正常，下唇须黄色，上举
过头顶；额黄色，两侧及上缘白色；头顶前部生黄毛，后部杂生黑褐色和黄色毛；复眼
外侧白色，头后缘黄色毛；触角干背褐色，干腹中后部的各节前缘，及其两侧黄色，有
顶小毛束。领片紫褐色，两侧有黄斑；胸背紫褐色，中央及翅基片内缘为 3 条黄色纵纹；
后胸具横黄色横带；胸部腹面黄色。足黄色；腿节外侧浅暗褐色，后足胫节基、端部及
第 1 跗节脊背部黑褐色。前翅基前方有黄斑，前缘及后缘着黄色鳞；端区有 5 条黄色横

纹。后翅前缘黄色。腹部各节背面后缘均有黄带，以第4腹节的黄带最宽显；腹面黄色。臀束黄褐色，中央有1条暗色纵纹。

雌性外生殖器　第8腹节窄长。交配孔小，中央凹入；囊导管细长，基段稍骨化；交配囊圆形，无囊突。

分布　中国（台湾木山）。

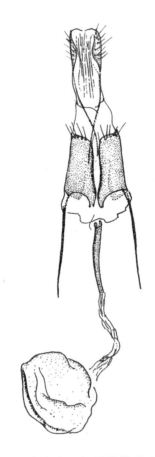

图82　木山兴透翅蛾雌性外生殖器

（十九）基透翅蛾属 *Chamaesphecia* Spuler，1910

Chamaesphecia empiformis Spuler，1910

属征　喙发达，触角有顶小束。前翅 $R_{1,2}$ 脉不平行，外 1/3 部常合并，R_3 脉出自中室，$R_{4,5}$ 脉共柄，$M_{2,3}$ 脉不向下弯；除例外，均有透明区，但后透区绝不伸至中斑，甚至有的完全消失（尤其是前透区很短的雌蛾）。后翅 Cu_1、M_3 脉共短柄。雄性外生殖器之抱器腹部和背部之间有骨化的界脊。

此属世界已知约110余种。我国记有3种。

分种检索表

1. 下唇须白色。领片黑褐色。前翅暗褐色，端区的脉纹间有白斑。腹部第 2、4、5 节背面后缘为窄白带，各节具黄白色中斑 ·············· ·············· **大戟基透翅蛾** *Chamaesphecia schroederi* Tosevski
下唇须黄色。领片黄色 ······················· 2
2. 前翅金黄色。腹部第 2、4、6 (7) 节背面白色，前缘为黄色带 ·············· ·················· **黄翼基透翅蛾** *Ch. chrysoneura* Püngeler
前翅黑褐色。雄蛾腹部第 2、4、6 节背面污黄色，后缘为窄的黄白色带，第 7 节黄色；雌蛾腹部背面几乎黑色，中部有些黄斑，第 2、4、6 节后缘为宽白带 ·················· **异态基透翅蛾** *Ch. taediiformis* (Freyer)

94. 大戟基透翅蛾 *Chamaesphecia schroederi* Tosevski，1993

（图 83，图版Ⅶ-50）

雄蛾翅展 19mm。额暗褐色，杂生黄鳞，头顶黑又亮。下唇须白色，基、中节外侧具浅褐色毛；触角黑褐色。胸部黑褐色，后部着白色长毛；领片黑褐色；翅基片黄褐色。前足基节白色，内侧黑褐色；腿节黑褐色，外侧有白毛；胫节黑褐色，外侧有黄白毛；跗节褐色。后足基节黑褐色；腿节黑褐色，具白色侧毛；胫节黄白色，基、端部浅褐色毛。前翅暗褐色，前透区细短，伏白色疏鳞；后透区消失；端透区小而圆，3 分区，被白色疏鳞。中斑黑褐色，宽大于高；端区宽大，黑褐色，脉纹间着白色疏鳞。后翅外、后缘暗褐色，较宽，M_3 至 Cu_1 脉及 Cu_1 至 Cu_2 脉纹间散生暗褐色鳞；横脉也较宽，长方形，暗褐色，伸至 M_3、Cu_1 脉之共柄部。腹部黑褐色，第 2、4、6 节有窄白带，同时各节背面均有黄白色中斑，及浅褐色侧毛；腹面黑褐色；臀束褐色，中部黄白色。

雄性外生殖器 爪形突宽而短，末端散生刺毛；颚形突较宽，尖叶状。抱器片尖卵形，端部向后斜倾，末端窄而圆钝；背半部密生刺毛，基区具一片特化的短刺毛群；抱器腹突位置较高，背脊着一列黑色粗刺毛；抱器片的腹、背部间，在刺毛区端部后缘，有一段骨化界脊。囊形突细棒状，末端尖。阳茎细长，基 1/3 部膨大。

雌蛾近似雄蛾，但体型较粗壮，体色较暗。

雌性外生殖器 囊导端片管状，较长，前部很宽，渐向后变窄；囊导管长约端片的 1/2，短粗；交配囊，长宽卵形，无囊突。

分布 中国（内蒙古东胜）。

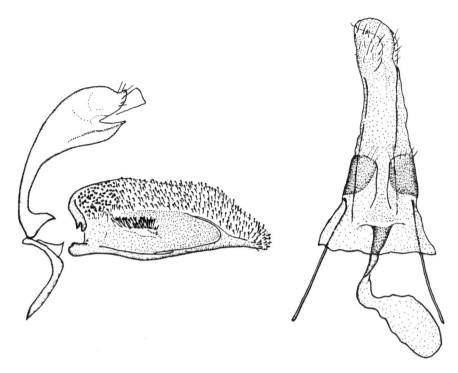

图 83　大戟基透翅蛾雌雄外生殖器（仿）

95. 黄翼基透翅蛾 *Chamaesphecia chrysoneura* Püngeler，1912

Chamaesphecia melanophleps Zukowsky，1935

翅展 16mm，体细长，墨绿色。下唇须黄色，中节着短毛；触角黑色，雄蛾的具短纤毛。领片黄色。后足金黄色，具黑斑。前翅金黄色，前缘、外缘及中斑黑色；后透区完全被金黄色鳞覆盖；前透区短，外透区 3 分区。后翅边缘窄而黑，基部、脉及横脉均金黄色。腹部第 2、4、6（7）节白色，前缘为黄带；腹部腹面污黄色；臀束窄，背面暗色，腹面金黄色。

分布　中国（新疆伊宁），中亚地区。

96. 异态基透翅蛾 *Chamaesphecia taediiformis*（Freyer），1836

Sesia taediiformis Freyer，1836

Sesia astatiformis Herrich－Schaffer，1846

Sesia thyreiformis Herrich－Schaffer，1846

两性异态。

雄蛾通常较雌蛾大，体较细长。额污黄色；下唇须黄色，基部白色，有的外侧黑色；

雌蛾黄色，但端部黄色或白色，末端外侧浅黑色。领片黄色；雄蛾胸部背中央有 1 条细黄线，雌蛾的此线更细或完全消失。前翅黑褐色，散生黄鳞，雄蛾的端区淡黄色；中斑暗褐色；雌蛾翅色较暗，近外缘有 2 ~ 4 个小黄斑，或完全暗色。后翅横脉后部着鳞较宽。足大部黄色，雌蛾的胫节基、端部有黑色环纹，雄蛾则常无此纹。雄蛾腹部很细长，背面污黄色，第 2、4、6 节后缘为窄的黄白色带，第 7 节黄色，腹面黄色，有些白色侧斑。而雌蛾的腹部则几乎黑色，背中部有些黄斑，第 2、4、6 节后缘为宽白带；腹面暗色，虽都有些白色侧斑，但其中以第 4、6 节上的最显现。臀束黑色，雄蛾的中、侧部有金黄色纹，腹面完全黄色；雌蛾的背面中部有 2 条黄纹，腹面中部黄色。

分布　中国（新疆伊宁、阿克苏、阿勒泰地区），亚洲中西部，欧洲。

（二十）叠透翅蛾属 *Scalarignathia* Capuse，1973

Scalarignathia kaszabi Capuse，1973

属征　喙短。前翅后透区较短，不伸至中斑；端透区半透明或消失。雄性外生殖器之颚形突发达，呈层叠状。

此属世界仅知 2 种。我国西北分布 1 种。

97. 凯叠透翅蛾 *Scalarignathia kaszabi* Capuse，1973

（图 84，图版Ⅶ-51）

雄蛾翅展 25mm，体长 13mm，小型蜂态蛾类。喙短，轻度骨化；下唇须上举过头顶，中节腹面具黑褐色长毛；触角单栉齿状，黑色，具顶小毛束；复眼黑色；头顶有黑毛，头后缘黄色。领片黑色，两侧杂生浅黄色鳞片；胸背腹面黑褐色，泛金属光泽；翅基片内侧边缘浅黄色，外侧有 1 白斑。足黑褐色，泛兰光；前足基节外侧及下方浅黄色，腿节散生黄鳞（以外侧居多）；胫节内侧及跗节黄色。中足及后足胫节黄色，但胫节后端具黑色带，跗节黄色。前翅的 3 个透明区均清晰，后透区不伸至中斑；中斑及端区部分散生橙色鳞片，其余部分也不同程度地散生少许橙色鳞片。后翅透明，前缘基部橙色。腹部黑褐色，第 2 ~ 7 节的后缘具黄色窄带；臀束黑褐色，两侧有粗根黄毛。

雄性外生殖器　香鳞帚三角形，顶端圆钝，两侧中部略向内凹，周围密生顶端分叉的鳞毛；颚形突特化为 5 层突叶，叠生于背兜与爪形突复合体腹面中部；抱器片密生顶端分叉的感觉毛；抱器腹突长骨片状，上脊部的刺毛列略后斜，外端向腹缘弯曲；囊形突长棒状，末端稍膨大。阳茎细长，后部阔大，呈枪托形。

分布　中国（青海循化和湟中、宁夏），蒙古。

注评 未采得此种雌蛾，雄蛾在青海东部飞翔于杨干透翅蛾性诱器周围。供检标本腹部第 2~7 节均有黄带，而指名亚种的第 5 腹节无黄带，因而略有不同，但雄性外生殖器并无明显差异，故仍视为同种。

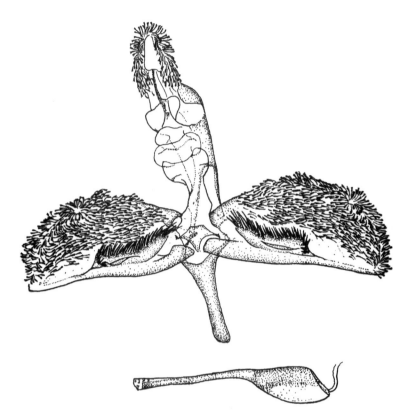

图 84 凯叠透翅蛾雄性外生殖器

（二十一）纹透翅蛾属 *Bembecia* Hübner，1819

Sphinx ichneumoniformis Denis and Schiffermuller，1775（ ＝ *Sphinx scopigera* Scopoli，1763）

Pyopteron Newman，1832

Pyropterum Agassiz，1846

Dipsosphecia Püngeler，1910

Diplosphecia（*sic*）Le Cerf

Dipsisphecia（*sic*）Dalla Torre and Strand，1925

Diposphecia（*sic*）Wolfsberger，1961

属征 体细长。触角有顶小毛束；喙通常退化，或无功能。前翅 $R_{1,2}$ 脉渐向前缘靠近，但不合并；R_5脉伸至翅顶；端区大而清晰，前、端透区发达；后透区或多或少，在前透区之下方，较短，一般不伸至中斑，有的完全消失，或伏薄鳞伸向外缘；中斑大多或多或少沿 Cu_2 脉伸至后缘，外侧镶有彩色边（或斑）。腹部的色带多延至腹面。

此属在中亚的种，色彩常较鲜艳。幼虫蛀害豆科及其他草本植物的根、茎。世界已知约60余种，我国记有12种。

分种检索表

1. 腹部一般无色带 ·· 2
   腹部有色带 ··· 3
2. 体完全黑色。前翅3个透区明显 ········· 黑纹透翅蛾 *Bembecia tristis* (Staudinger)
   下唇须红色。腹部背面褐色，除个别标本外，大多无色带 ·····················
   ······································· 红须纹透翅蛾 *B. wagneri* (Püngeler)
3. 前翅金黄色 ·························· 金黄纹透翅蛾 *B. viguraea* (Püngeler)
   前翅不是金黄色 ·· 4
4. 腹部腹面黄红色。肩斑黄色。足黄色 ······ 红腹纹透翅蛾 *B. roseiventris* (Bartel)
   腹部腹面不如上所述 ·· 5
5. 腹部具白色带 ·· 6
   腹部具黄色或浅褐色带 ·· 7
6. 腹部第2、4、6（7）节后缘为白色带 ····· 麦秀纹透翅蛾 *B. insidiosa* (Le Cerf)
   腹部第2节后缘为白色带，第4、6（7）节几乎完全白色 ·····················
   ······································· 花棒纹透翅蛾 *B. ningxiaensis* Xu et Jin
7. 腹部2~6（7）节后缘有浅黄褐色带 ····· 拉萨纹透翅蛾 *B. lasicera* (Hampson)
   腹部色带黄色 ·· 8
8. 腹部第3、5节无黄带 ·················· 兆纹透翅蛾 *B. megillaeformis* (Hübner)
   腹部第3、5节不会同时无黄带 ···································· 9
9. 前翅端透区6分区。后足胫节黑色，上有1束黄色长毛 ·····················
   ······································· 踏郎纹透翅蛾 *B. hedysari* Wang et Yang
   前翅端透区少于6分区 ·· 10
10. 前翅后透区覆薄黄褐色鳞片，半透明，越过中斑，一直伸至翅外缘。雄蛾腹部第2~7节具黄色环带，其中以第4节的较宽；雌蛾腹部第3节无黄色带，黑色 ····· 苦豆纹透翅蛾 *B. sophoracola* Xu et Jin
    前翅后透区短，不伸至中斑 ································· 11
11. 前翅后缘橘红色，端区也散生橘红色鳞片。腹部第2~6（7）节有黄带，其中常以第4、6节的较宽 ··············· 豆纹透翅蛾 *B. scopigera* (Scopoli)
    前翅后缘金黄色。腹部的黄带比上者宽而清晰，其中雌蛾的第4腹节几乎完全黄色 ················· 多带纹透翅蛾 *B. polyzona* (Püngeler)

98. 黑纹透翅蛾 Bembecia tristis（Staudinger）, 1895

Sesia tristis Staudinger, 1895

体全部黑色。下唇须中节有很长的毛簇，背部有 1 条黄色条纹。前翅透明区以外部分黑色，散生黄点；端透区几乎成正方形，内有 3 条黑色脉纹。后翅透明，横脉细。

分布 中国（西北部、内蒙古）。

99. 红须纹透翅蛾 Bembecia wagneri（Püngeler）, 1912

Dipsosphecia wagneri Püngeler, 1912

翅展 26mm，体壮，墨绿色，几乎无斑饰。喙退化；下唇须红色，着黑毛；触角下部褐色，具发达的纤毛。后足胫节、跗节黄红色或红色，但也有黑色的后足胫节。前翅黑色，基部黄红色（或不红），3 个透明区皆有，后透区部分或大部着黄红色鳞；端透区 5 分区（有的雄蛾 3 分区），端区黄红色；中斑外侧有黄红色小斑；有的雄蛾翅缘为宽的金黄色缘带。腹部背面褐色，一般没有色带，但有的雄蛾的第 4 腹节具清晰的黄白色环带，第 2、6 节也有不连到腹下的细白色带。

分布 中国（新疆伊宁）。

100. 金黄纹透翅蛾 Bembecia viguraea（Püngeler）, 1912

Dipsosphecia viguraea Püngeler, 1912

雌蛾翅展 21mm，体墨绿色。额黄白色；喙退化；头顶、下唇须金黄色；触角暗色。后足胫节金黄色。前翅金黄色，前透区内有脉干通过，后透区金黄色，端透区较小。后翅基部、后缘金黄色。腹部第 2、4、6 节背面有浅黄带，腹面第 4～6 节具黄色后缘；臀束腹面侧金黄色。雄蛾额白色，头其余部分黑色，下唇须有粗毛簇；触角栉齿状有纤毛。前翅黄色，且后透区只有一部分覆着鳞片。腹部第 4、6、7 节有白带；臀束侧面橘红色。

分布 中国（新疆阿克苏），亚洲中部。

101. 红腹纹透翅蛾 Bembecia roseiventris（Bartel）, 1912

Dipsosphecia roseiventris Bartel, 1912

雄蛾翅展 23mm。额暗色；复眼前缘白色，头后缘白色；下唇须黄白色，基、中节外侧有黑纹；触角端、基部腹面密着黄色粗纤毛，其余部分黑色。胸部黑色，杂有黄毛；翅基片有黄色大肩斑。足黄色，有黑色环纹，中、后足腿节下缘红色。前翅黑色，弥散黄鳞，端区有些白点，中斑暗色，杂有黄色；后透区很发达；前透区短，白色；端透区也为白色，3分区。后翅基部、外缘黑色，后缘缘毛红白色，横脉纹前部扩大。腹部较细长，腹面完全红黄色。

分布　中国（新疆伊宁）。

102. 麦秀纹透翅蛾 *Bembecia insidiosa*（Le Cerf），1911

Sesia insidiosa Le Cerf，1911

（图85，图版Ⅶ-52）

雌蛾翅展18mm，黑褐色。额灰白色，头顶及头后缘黑色；下唇须平伸，基、中节腹面着黑色长毛，端节尖细，黑色；喙退化；触角黑色，棒状有顶小毛束。胸部腹背面均黑色。足黑色；前足基节外侧灰白，胫节内侧浅褐色，跗节黑色。中足胫节端部及中部外侧红褐色，具浅色端距1对。后足胫节中、基部及末端着红褐色毛，具灰白色中、端距各1对；跗节黑色，散生褐色细鳞。前翅细长，外端圆钝，基部前方有1个小白点，翅缘、基部及中斑黑色，中斑外侧有橘红色镶边；端透区小，略呈方形，4分区；端区着有一层浅褐色薄鳞；前透区细小，内有1条黑褐色脉干；后透区消失；翅后缘的中、基部着红褐色鳞，缘毛宽而密，灰黑色。后翅透明，脉黑色；横脉着鳞，前宽后窄，呈小三角形；翅缘较宽，灰黑色。腹部及臀束黑色，第2、4、6节背面后缘有白带，其中第2腹节的白带伸至腹面。

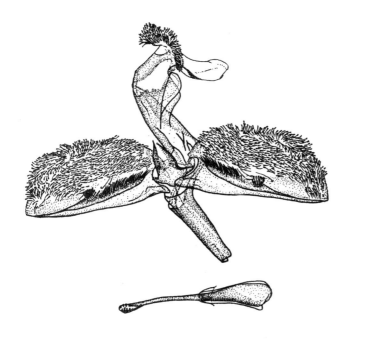

图85　麦秀纹透翅蛾雌雄外生殖器

雌性外生殖器　产卵瓣很短，密生纤毛；后表皮突长度适中，但比前表皮突长。囊导管基 1/3 部骨化，中 1/3 部稍骨化。

雄蛾翅展 21mm。近似雌蛾，但额黑色；触角有细齿和纤毛。后足胫节中、端距的基部有浅黄褐色毛丛，跗节浅灰褐色。前翅中斑外侧有较窄的橘黄色边。腹部第 2、4、6、7 节背面具白色带。

雄性外生殖器　香鳞帚适度发达，密着双分叉毛；颚形突耳状；抱器片近似长方形，端部较圆，背半部及外端密生叉毛；抱器腹脊长斜片状；脊背刺毛列直，至后缘部有一段断裂，末端为 1 束直立的刺毛；囊形突粗壮，中部略扩张，末端平截。阳茎细长，基部扩大，端膜内有些粒状物。

分布　中国（青海麦秀、甘肃兰山）。

103. 花棒纹透翅蛾 *Bembecia ningxiaensis* Xu et Jin, 1998

（图 86，图版Ⅷ-53）

雄蛾翅展 21mm。头顶及后缘黑色，额白色；下唇须浅褐色，中、基节外侧有黑色长毛，内侧灰白色；端节平伸，尖细，外侧黑色；触角黑褐色，棒状，有细齿列和纤毛，具顶小毛束。胸部黑褐色，无明显纹饰，近翅基两侧有灰白色长毛。后足无长毛；胫节除基部暗褐色外，其余部位灰白色；第 1 跗节也为灰白色，其余各节灰褐色。前翅前缘、脉、中斑及缘毛，均黑褐色，其他部分灰白色，基前方有 1 个小白点；有前透区，内有

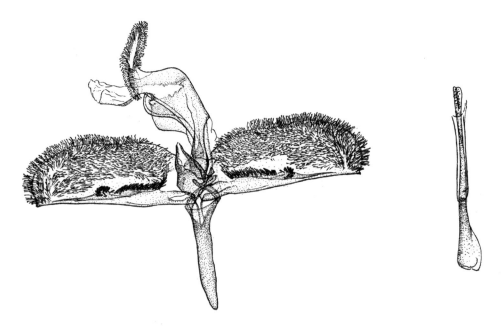

图 86　花棒纹透翅蛾雄性外生殖器

干脉残痕；后透区几乎消失，覆灰白色薄鳞；外透区4分区，端区薄着灰白色疏鳞，呈半透明状，仅与外透区略有不同。后翅透明，脉、缘毛黑褐色，横脉着鳞呈小三角形。腹部暗褐色，第2腹节背面后缘具窄白色带；第4、6、7腹节的背腹面，几乎完全白色，同时，另外一头标本的第5腹节背面也有宽白色带；臀束发达，黑褐色，腹面灰白色。

雄性外生殖器　香鳞帚适度发达，密着叉毛；颚形突指状骨片；抱器片近似长方形，背部及端部密生叉毛；抱器腹脊较细长；背脊刺毛列略弯曲，端部有向下后方弯钩的刺毛束；囊形突长柄状，向末端渐细。阳茎细长，端膜内有些粒状物，基部膨大如枪托状。

分布　中国（宁夏）。

104. 兆纹透翅蛾 *Bembecia megillaeformis*（Hübner），1808

Sphinx megillaeformis Hübner，1808

Dipsosphecia megillaeformis var. tunetana Le Cerf，1920

（图87，图版Ⅷ-54）

雄蛾下唇须黄色，基、中节具黑色长毛簇；雌蛾的呈橘黄色，两侧稍黄。触角蓝黑色。前翅中斑外方具小橘红色斑。腹部第3、5节背面无黄带，第4节具黄色环带，第2、6节的黄带均不连至腹面。雄蛾臀束背面中央黄色，基、侧部黑色，具2条橘红色宽纵纹；雌蛾的黑色，中部杂有少许橘红色毛，腹面有橘黄色细的侧纹。

分布　中国（新疆阿勒泰），亚洲西部，欧洲。

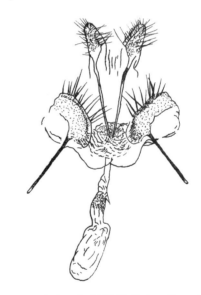

图87　兆纹透翅蛾雌性外生殖器（仿）

105. 拉萨纹透翅蛾 *Bembecia lasicera*（Hampson），1906

Trochilium lasicera Hampson，1906

头、胸部黑色，杂些白毛；无喙；额白色；下唇须上举过头顶，黄褐色，杂有黑毛，背面白色，中节腹面着长毛，端节很细小；雄蛾触角具很长的纤毛簇。前翅前缘区黑褐色，前缘基半部有黄褐色纹，翅中部也有些细纹，脉纹黑褐色，后缘黄白色；中室透明，其基半部下方和其外 Cu_1 脉至 M_1 脉上方的细纹也透明；中斑黑褐色，外着黄褐色边，外缘黑褐色，后缘黄褐色，缘毛浅褐色。后翅透明，基部略暗，脉、翅缘黑色，缘毛浅褐色，臀角黄白色。腹部黑色，除第 1 节外，各节有黄褐色和白色带，但第 3 节的色带细弱；腹面有宽的色带；臀束黄褐色，背面有些黑纹。

分布　中国（西藏江孜）。

106. 踏郎纹透翅蛾 *Bembecia hedysari* Wang et Yang，1994

（图 88）

据王音等（1994）记述：雄蛾体长 14～16mm，前翅长 10～11.5mm，后翅长 8～9mm。头黑色，头后缘灰白，额白色至黄白色；复眼下方白色；下唇须黄白色，仅腹面外侧黑色，除端节外，各节被长毛，端节细小；喙退化；触角黑褐色，干腹有纤毛，具顶小毛束。胸部黑色，领片两侧下方黄白色；前翅基部前方有小黄白点；前、后翅基部后方有黄白色长毛丛。前足基节黑色，外侧具细黄边，腿节黑色，胫节及跗节黄色，胫节有 1 束小毛簇。中足腿节黑色；胫节黑色，上具浅黄色长毛丛；跗节黄色。后足腿节黑色；胫节黑，上有 1 束黄色长毛；中、端距均为黄色，跗节黄色。前翅大部分透明，前缘区黑色，前缘具 1 条细黄边；中斑黑色，外侧具 1 个金黄色小斑；后缘金黄色，外透区大，6 分区。后翅透明，前缘黄色，脉及缘毛黑褐色，横脉处有 1 个金黄小斑。腹部黑色，第 2、3、5 节后缘有黄带，第 4、6 节端半部黄色，第 7 节大部黄色，仅留窄黑后缘；臀束扇状，中间黄色，两侧黑色；腹部腹面第 4、5、6、7 节及臀束中部，均为黄色；前部各节黑色，在第 5、6、7 节具细的黑色后缘。

雄性外生殖器　香鳞帚较发达；抱器片近似卵圆，抱器腹脊毛列呈直线排列，端部呈钩状弯曲，弯曲部后方有一段断裂；囊形突长柄状。阳茎细长，基部膨大。

雌蛾体长 12～15mm，前翅长 10～13mm，后翅长 7～10mm。头后缘黄白色；下唇须黄色，毛刷状，端节尖细；触角干腹无纤毛。胸部翅基片内缘黄色。前足基节黑色，内、外缘有黄色细边，腿节以下均为黄色；胫节背侧泛橘红色。中、后足基节、腿节黑色，腿节外侧有细黄边；胫节以下金黄色至橘红色。前翅中斑黑色，外侧色斑金黄至橘红色；翅外缘内侧及后缘区金黄至橘红色。后翅基部不透明，着金黄至橘红色鳞片；翅背面大部为金黄色至橘红色。腹部第 1 节黑色，仅后缘有少许黄鳞；第 2 节端半部黄色，基半部黑色；第 3 节大部黑色，后缘有不规则的黄色窄带；第 4 节全部黄色，第 5、6 节基半部黑色，端半部黄色；腹面第 4、5、6 节黄色，仅第 5、6 节有黑色窄带；臀束大部黄色至橘红色，基部中间具三角形黑斑，两侧各有 1 束刺黑毛。

雌性外生殖器　囊导管约交配囊等长，稍骨化；交配囊末端变窄。

分布　中国（陕西定边、宁夏）。

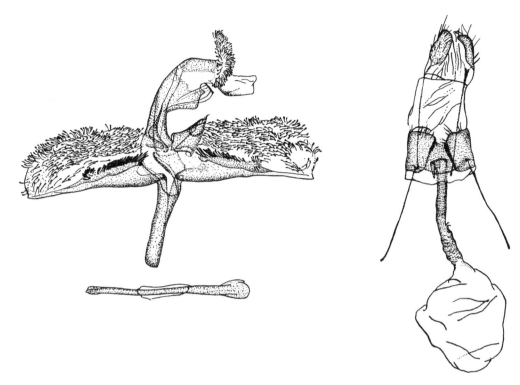

图 88　踏郎纹透翅蛾雌雄外生殖器

107. 苦豆纹透翅蛾 *Bembecia sophoracola* Xu et Jin，1998

（图 89，图版Ⅷ-55）

雄蛾翅展 18mm。头、额、复眼黑色，头后缘灰白色；触角黑色，干腹有细齿列和纤毛，末端有小毛束；下唇须平伸，褐色，中、基节腹面着生黑色长毛，端节黑而尖。胸部背面黑色。领片黑色，外侧有 1 个小白斑，翅基片外侧近翅基有 1 条灰黄色纵纹。足无长毛，前足基节腹面灰白色，内侧黑色；各腿节黑色，各胫节除基部为黑色外，红褐色；跗节红褐色。前翅基部、前缘及中斑黑褐色，基部前方有 1 个明显的白斑；前透区明显，内有 1 条暗色脉痕；后透区除基段外，薄覆黄褐色鳞，呈长带状，一直延伸至翅外缘，其基部及前、后方的脉纹着红褐色鳞片；中斑外镶有黄红褐色边；端透区似正方形，4 分区；端区半透明，薄覆黄褐色鳞片，几乎无明显外缘。后翅透明，有较宽的灰黑色外缘。腹部第 2~7 节后缘有灰黄色环带，以第 4 节的黄带最宽；臀束黑色，中部黄色。

雄性外生殖器　香鳞帚发达；抱器腹脊斜向抱器片腹缘中部，刺毛列端部呈钩状下弯；囊形突较长，末端变细。阳茎细长，基部膨大，阳茎端膜内有些粒状物。

雌蛾近似雄蛾。但外透区 5 分区，前足腿节黄褐色。下唇须腹面无黑色长毛。腹部第 3 节缺黄带；臀束中部浅棕色。

雌性外生殖器　产卵瓣细长。囊导管大部分有不同程度的骨化。

分布　中国（宁夏银川）。

注评　本种近似踏郎透翅蛾，但后者前足基节黑色，外侧具黄边；复眼下方白色，腹部腹面第 2 节黑色，无黄色带，雄性外生殖器的抱器腹脊上的刺毛列及雌性外生殖器的交配囊的形状也均不同。

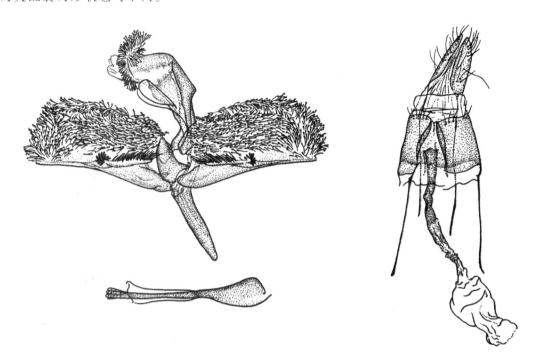

图 89　苦豆纹透翅蛾雌雄外生殖器

108. 豆纹透翅蛾 *Bembecia scopigera*（Scopoli），1763

Sphinx scopigera Scopoli，1763

Sphinx ichneumoniformis Denis and Schiffermuller，1775

Sphinx vespiformis Hübner，1796

Sphinx systrophaeformis Hübner，1808～1813

Sesia palpina Dalman，1816

Sphinx rhagioniformis Hübner，1819

Sesia ichneumoniformis ab. lugubris Staudinger，1871

Sesia ichneumoniformis var. illustris Rebel，1901

Dipsosphecia ichneumoniformis var. apyra Le Cerf，1937

（图 90）

翅展 19～23mm，体较粗壮。喙短；下唇须中节腹面着长毛。雄蛾触角暗色，端部散生黄褐色鳞；雌蛾的触角则黄褐色，亚端部橘红色。翅基片内缘黄色，外侧有白斑；后胸具黄色横带。后足胫节红黄色，基部外侧和端部具黑纹。前翅三个透明区均很显现，端透区 3～5 分区；雄蛾后透区几乎伸至中斑，但雌蛾的较短；中斑褐色，外侧橘红色；端区脉间散生橘红色鳞，翅后缘也为橘红色。腹部黑色，第 2～6（7）节背面有黄带（有的第 5 腹节无黄带或黄带不明显），这些黄带通常以第 4、6 节上有最宽，但有的黄带等宽。

雄性外生殖器　香鳞帚发达；颚形突圆耳状；抱器片长卵形，背部弧圆，腹缘较平直；抱器腹突背脊上的刺毛列较斜，后部略弯；囊形突长棒状，末端圆钝。阳茎细长，基部膨大。

雌性外生殖器　前、后表皮突约等长。囊导管基 3/4 部呈直筒状，略骨化；交配囊圆形，无囊突。

分布　广布种。中国（新疆阿勒泰、宁夏），欧洲，北非，亚洲中西部。

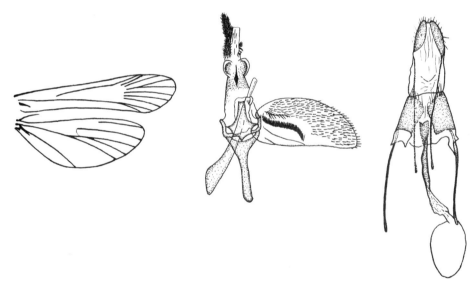

图 90　豆纹透翅蛾翅脉及雌雄外生殖器（仿）

109. 多带纹透翅蛾 *Bembecia polyzona*（Püngeler），1912

Dipsosphecia polyzona Püngeler，1912

翅展 25mm。喙退化；下唇须中节暗色，毛簇发达；雄蛾触角密着粗纤毛。领片黄色。前翅前透区内无暗纹，后透区仅有外端部覆着鳞片，端透区 5 分区。腹部有 5（6）条黄带，雌蛾的第 4 节几乎完全黄色。

分布　中国（新疆伊宁），亚洲中西部。

（二十二）奇透翅蛾属 *Chimaerosphecia* Strand，1916

Chimaerosphecia aegerides Strand，1916

属征　有喙。前翅 $R_{2,3,4,5}$ 脉共柄，中斑很斜。

此属世界已知 2 种，均产于我国。

分种检索表

领片黄色 ·· **奇透翅蛾** *Chimaerosphecia aegerides* Strand

领片黑色 ·· **柯奇透翅蛾** *Chi. colochelyna* Bryk

110. 奇透翅蛾 *Chimaerosphecia aegerides* Strand，1916

雄蛾翅展 35mm。外形近似杨大透翅蛾，但触角较细，红黄褐色；领片黄色，翅基部有 1 条黄纹。翅缘浅红褐色。腹部红褐色，近基部有 1 条黄色横纹，第 4 节金黄色；腹面第 1~3 节具宽黄带。

分布　中国（台湾）。

111. 柯奇透翅蛾 *Chimaerosphecia colochelyna* Bryk，1947

翅展 31mm。下唇须浅黄白色；触角栉齿状，黄色。胸部后方有黄斑；领片黑色。足黄褐色；前足腿节有浅黄色毛簇，内侧黑色；中、后足短，着长毛。前翅透明，具浅黄褐色光泽，基部有黑斑；中斑浅黑色，外缘有黄褐色边。后翅黄褐色。腹部腹节后缘为黄带。

分布　中国（九江）。

（二十三）疏脉透翅蛾属 *Oligophlebia* Hampson，1893

Oligophlebia nigralba Hampson，1893

属征　下唇须细，上举；触角生纤毛。前足胫节有端毛束；中足胫节上部有 1 束小毛簇，下部有 1 束大毛簇，跗节具 2 束毛簇；后足胫节具 1 束大的端毛簇。前翅缺 M_2、R_5 脉。后翅缺 M_1 脉，Cu_1 与 M_3 脉共柄，横脉垂直。

此属世界已知 4 种，我国记有广东 1 种。

112. 脊疏脉透翅蛾 *Oligophlebia cristata* Le Cerf，1916

翅展 17mm，体黑色。足杂以白色。前翅黑青铜色，大部不透明，但端透区窄而长。后翅透明，翅缘及 Cu_2 脉黑色，顶端白色。

Le Cerf（1916）据一头雌蛾定名此种。本书作者未见标本。

分布　中国（广东），印度尼西亚（爪哇）。

（二十四）单透翅蛾属 *Monopetalotaxis* Wallengren，1858

Monopetalotaxis wahlbergi Wallengren，1858（=*Aegeriadoleriformis* Walker，1856）

Trochilina Felder，1847

Felderiola Naumann，1971

属征　触角有顶小毛束；喙退化。后足第 1 跗节上部有毛簇。前翅 $R_{1,2}$ 脉分开，R_3 脉出自中室，$R_{4,5}$ 脉共柄，$M_{1,2}$ 脉不向下弯。后翅 Cu_1、M_3 脉共柄。

此属世界已知 5 种，其中非洲区 4 种，东洋区 1 种（产于我国）。

113. 华单透翅蛾 *Monopetalotaxis sinensis* Hampson，1919

雄蛾翅展 30mm（雌为 32mm），头、胸、腹黑色，微具紫色光泽。额黄色，头后缘黄色；触角栉齿淡红色；下唇须黄色，腹面有些黑毛。领片具黄纹。后足胫节黄色，端部具黑色带；跗节黄色。前翅透明，脉、翅缘铜褐色，基部有 1 个黄斑，前缘下方有 1 条细黄纹，后缘上方有 1 条长过中部的橘红色纹；中斑外侧有橘红色边，端区散生一些黄鳞；背面大部金黄色。后翅透明，脉、翅缘窄，铜黄色；背面前缘金黄色，中室上角有 1 小黄斑。腹部各节有黄带；臀束中、侧部具黄纹。

雌蛾腹部第 2、4、6 节背面有黄带，第 3 节有 1 个侧斑。

分布　中国（上海、福建）。

（二十五）蜂透翅蛾属 *Sphecosesia* Hampson，1910

Sphecosesia pedunculata Hampson，1910

属征　喙发达；触角棒状，有顶小毛束。后足跗节背面无毛簇。前翅 $R_{1,2}$ 脉分离，R_3 脉出自中室，$R_{4,5}$ 脉共柄，M_2、M_3 脉不向下弯。后翅 Cu_1、M_3 脉共柄或出自一点。腹部基部缩成柄状，或多少有些缩窄。

此属世界已知 6 种，除 1 种发生在西非外，其余 5 种都分布于亚洲。我国记有 3 种。

分种检索表

1. 腹基部略窄，但不呈细柄状。后足跗节很长。虫体蓝黑色，几乎无纹饰（江西庐山）……………… **庐山蜂透翅蛾** *Sphecosesia lushanensis* Xu et Liu
   腹基部细柄状。后足跗节正常。虫体有明显纹饰 …………………………… 2
2. 前足黄色，基节中部有一黑斑；中足腿节基半部黑色，胫节有一橘红色毛簇。腹部除第 2 节及末节外，其余各节后缘黄色（广西弄岗）……………………………… **弄岗蜂透翅蛾** *Sp. nonggangensis* Yang et Wang
   足黄色。腹基柄部两侧浅黄色，第 1 节中部有一黄斑，第 3~5 节后缘有浅黄带（海南那大）…………… **荔枝蜂透翅蛾** *Sp. litchivora* Yang et Wang

114. 庐山蜂透翅蛾 *Sphecosesia lushanensis* Xu et Liu，1999

（图 91，图版Ⅷ-56）

雄蛾翅展 25mm，体长约 14mm，胴部几乎完全黑色，具蓝色光泽。头部额黑色，中部棕黑色；复眼灰褐色，单眼发达，红褐色；头顶及头后缘毛黑色，带蓝色光泽；喙正常，黄褐色。胸部背部黑色，杂生棕黑色鳞片；领片及侧胸具青铜色金属光泽；翅基片棕黑色，下端有青铜色光泽的鳞片。前足基节被青铜色的细鳞，腿节内侧棕黄色，外侧被棕黑色鳞毛；胫节及跗节具棕褐色鳞毛，基跗节的长度约为后 4 节长之和。中足基节和腿节被棕褐色鳞毛；胫节内侧散生棕褐色鳞毛；端距 1 对，长距约为短距的 2 倍左右；跗节棕黑色，基跗节长度约为其余 4 节的 4/5，各节内侧着行数列黑色小刺。后足基节、腿节与中足相似；胫节长约腿节的 2 倍，被棕黑色鳞毛；中距处鳞毛丛立，其下具 1 个灰白色小环斑，中距1对，长距约为短距的2倍长，近端部鳞毛较长；跗节很长，基跗节基部浅黄褐色，其余皆被黑色长鳞毛，从第2跗节的端部至第5跗节基半部所被鳞毛较长，于内侧形成长毛簇。前翅各脉被棕黑色鳞片，R$_4$脉至翅前缘以及中室上角密被棕黑色鳞片，中斑外侧的纵脉间具灰黑色长楔形斑，其余部分透明。后翅透明，翅外缘及前缘被灰黑色鳞片；缘毛灰黑色。腹部背面及腹面都为黑色，带蓝色光泽，无斑饰；腹基部略有窄缩，但不呈柄状。

雄性外生殖器　爪形突近方形，侧缘上部及端缘生纤毛；抱器片背缘向外凸，呈圆弧形，端部及腹部边缘着细长毛，腹端向外伸出1个小乳突；囊形突短棒状。阳茎长筒状，端部呈角突状。

分布　中国（江西庐山）。

注评　本种具有蜂透翅蛾属之全部属征，而其略为窄缩的腹基部和很长的后足跗节，却又与近缘属 *Tipulamima* Holland，1893（一个非洲区的属）的特征符合。但是，从雄性外生殖器的片型比较，该种无疑应隶属蜂透翅属。

庐山蜂透翅蛾之雄性外生殖器，非常近似荔枝蜂透翅蛾和吕宋蜂透翅蛾 *S. melanostoma*，但它的抱器片腹端有明显的小乳突，很易识别。同时，其几乎完全蓝黑色的虫体，腹基略窄缩，却又不成柄状，以及具有很长的后足跗节，也都与近似种不同。

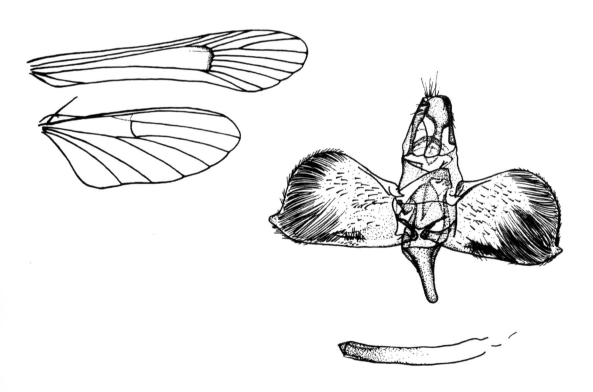

图91　庐山蜂透翅蛾翅脉及雄性外生殖器

115. 荔枝蜂透翅蛾 *Sphecosesia litchivora* Yang et Wang，1989

（图 92）

据杨集昆（1989）等记述：体长 10.5～15mm，前翅长 9.5～12.5mm，后翅长 7.5～10mm。中型褐色种，腹基具细腰，形似泥蜂。头黑色，额两侧浅黄色，头后缘杏黄色；触角棒状，干背黑色，干腹杏黄色，基部后方具杏黄色鳞，有顶小毛束；复眼长圆形，后缘具黄鳞。下唇须黄色，上举过头顶，基节着黑色长毛簇；中节粗而长；端节细，长约中节的 4/5。喙发达，黄褐色。胸部黑褐色，后胸两侧各具 1 个黄斑，侧胸具浅黄斑。前足基节浅黄色，其余部分黄色；腿节内缘有 1 列黄毛；胫节具平伏的黄色刺毛；跗节第 1 节长约其余 4 节总长的 2/3。中足腿节基部 2/5 褐色，其余浅黄色；胫节中部具褐色毛丛，端半部除末端有褐色毛束外，皆为浅黄色。后足胫节中距以上有 1 束黑褐色毛簇，中距以下黑褐色，仅近末端为浅黄色，并具 1 束小的黑褐毛，端距背面褐色；跗节第 1 节具毛簇。前翅前缘、脉黑褐色，余部透明，中斑外的各脉间有褐色楔形斑，基部有 1 个小黄斑。后翅翅缘、脉黑褐色，基部着浅黄色和黑褐色长毛。腹部第 2 节呈柄状，背

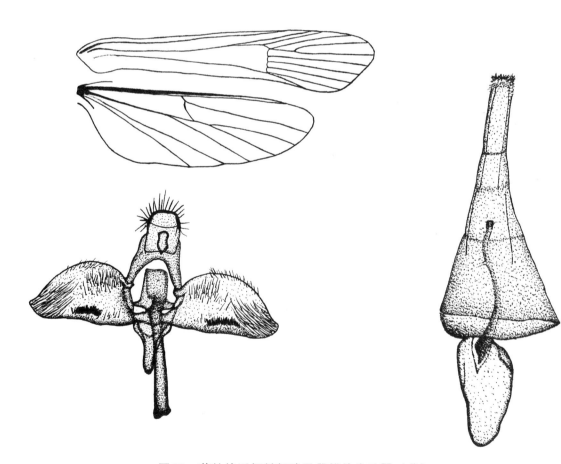

图 92　荔枝蜂透翅蛾翅脉及雌雄外生殖器（仿）

面黑褐色，柄部两侧浅黄色，第 1 腹节中部有 1 个黄斑，第 3~5 腹节后缘具浅黄带，其中第 5 节的不明显；雌蛾第 2 节后缘也为浅黄色。腹面观：柄部、第 3 节基半部及雌蛾第 4、5 节基部的 1/3，第 6 节两侧、雄蛾第 4 节基部 1/3 和第 4 节后缘两侧、第 5 节两侧均为浅黄色；臀束黄色。

雄性外生殖器　爪形突近似长方形，着长毛；抱器背圆凸，散生短毛；端部略呈钝喙形，密生褐色长毛；抱器腹缘较平直，腹脊有 1 列褐色刺毛；囊形突柄状，末端稍细。阳茎直筒状。

雌性外生殖器　囊导端片靠近交配孔，环状；囊导管较短；交配囊近似卵形。

分布　中国（海南那大）。

注评　此种与菲律宾的黑蜂透翅蛾 *Sphecosesia aterea* Hampson 很相似，但本种雄蛾第 3、4 节腹节背面及腹面后缘具黄带。

116. 弄岗蜂透翅蛾 *Sphecosesia nonggangensis* Yang et Wang，1989

（图 93）

雌蛾前翅长 10.5mm，后翅长 9mm，体长 11mm，黑色但色彩鲜明。头顶黑色；额银灰色，两侧白色；头后缘黑色；触角黑色，有顶小毛束；复眼下方黄色，单眼后方有 1 束黄色长毛；下唇须上举过头顶，黄色；喙发达，黄褐色。胸部黑色，领片紫黑色，其后有 1 条黄色宽带；中胸背部有 2 条黄色纵纹，侧胸有 1 个黄斑；近翅基后方有黄色长毛。前足金黄色，基节中部中有 1 个黑斑，腿节内缘被金黄色长毛，胫节有毛簇。中足腿节基半部黑色，端半部黄色；胫节着橘红色毛簇，端距黄色；跗节腹面黄色，散生黑色小刺，第 1 跗节背面橘红色，长约等于其余 4 节的总长。后足腿节基半部黑色，端半部黄色；胫节中距以上黑色，中距着生处黄色，中、端距均为黄色，端距上方有 1 束橘红色毛；跗节背面黑色，第 1 跗节腹面橘红色，余各节的腹面黄色，散生黑色小刺。前翅前缘黑色，中斑黄色，中斑以外各脉间有由黄、黑色鳞组成的楔纹，中室内具 1 个黄色楔斑；R$_{4,5}$ 脉共柄的

**图 93　弄岗蜂透翅蛾雌性
外生殖器（仿）**

柄部着黄鳞，其他各脉被黑鳞，外缘毛黑灰色，具黄光。后翅透明，前缘黄色，外、后缘黑灰色；中横脉光裸，中室前缘黄色，其余各脉黑褐色。腹部黑色，背面除第 2 节和末节外，各节后缘黄色，末节中部有 1 条黑色区，两侧黄色；腹面第 4 节和第 5 节前半部黄色，余为黑色。

雌性外生殖器　囊导端片环状，靠近导精管；交配囊长袋状，基部有 1 列横纹。

分布　中国（广西弄岗）。

（二十六）土蜂透翅蛾属 *Trilochana* Moore，1879

Trilochana scolioides Moore，1879

Scoliomima Butler，1885

属征　喙发达；两性触角均为栉齿状，有顶小毛束。后足跗节近端部有粗毛簇，第 1 跗节基部也有毛簇。前、后翅大部分着鳞，基部有些透明斑；前翅 $M_{2,3}$ 脉不向下弯，$R_{4,5}$ 脉共柄，R_3 脉出自中室，$R_{1,2}$ 脉分离。后翅 Cu_1、M_3 脉出自一点。腹部后 2 节侧面有毛簇；臀束发达。

此属世界已知 9 种，其中东洋区 8 种，非洲区 1 种。我国过去无此属记载，到 1989 年，才由杨集昆教授等记述 1 种。

117. 红花土蜂透翅蛾 *Trilochana caseariae* Yang et Wang，1989

（图 94）

体长 26～30mm，前翅长 20～24mm，后翅长 15～18mm。大型、黑色种，酷似土蜂。头黑色；触角栉齿状，顶端具 1 束小毛簇，触角基部前方着生有白色鳞片；复眼近圆形；下唇须黑色，上翘过头顶，第 2 节非常粗壮，第 3 节细小；喙杏黄色，发达。胸部蓝黑色，有光泽。三对足皆黑色，有光泽。前足胫节具黑色毛簇，跗节腹面黄色。中足胫节具黑褐色，有光泽的毛簇，端距 2 枚，长、短距之比为 3∶1。后足胫节被强大的黑褐色毛丛，腹面和外侧中部间生有白毛，背面基部和近端部处也间生白毛；中、端距各 1 对，短距长约为长距的 1/2；跗节黄色，杂有黑色鳞片，第 1 跗节长，被有强大的黑色毛丛。前、后翅大部密生蓝黑色鳞片，有光泽；前翅中室下缘与臀脉间的基部有一小段透明。后翅中室下缘与 1A 脉间基部和 2A 脉至后缘间两处透明。腹部蓝黑色，有光泽；腹末端着生橘红色毛，形成尾毛丛。

雄性外生殖器　爪形突延伸，端部膨大，顶端具刚毛；颚形突发达，末端分为两部分；基腹弧窄；囊形突短；抱器瓣近长方形，端部和中部及上部长有鳞毛。

雌性外生殖器 囊导管短，膜质，仅在交配孔附近有 1 个骨化环，导精管出自交配孔附近；交配囊梨形，有 1 条纵向色素带。

分布 中国（广西柳州）。

注评 此种与 *T. scolioides* Moore 很相似，但新种翅无绿橄榄色光泽，而具蓝黑色光泽，后足第 1 跗节被黑色长毛丛。依此两点可与上种区别。

新种幼虫蛀食绿化用材红花木，使其工艺价值大大降低，影响绿化效果。一年一代，5 月羽化。

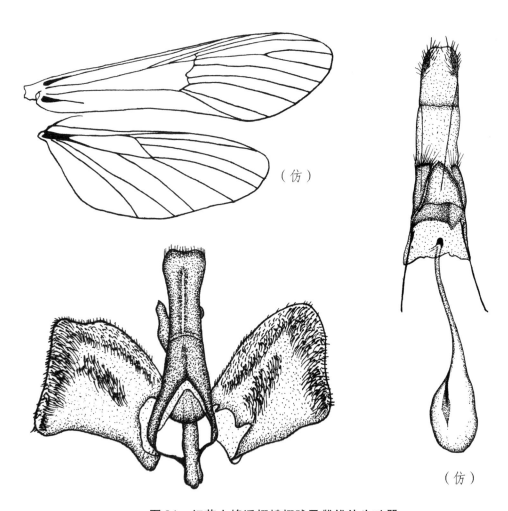

（仿）

（仿）

图 94 红花土蜂透翅蛾翅脉及雌雄外生殖器

第五章　地理分布

初步统计表明，我国透翅蛾的地理分布有较强的自然封闭性，区系特点明显，主要表现是：

1. 地域性突出。我国目前已知的 27 属，除羽角透翅蛾属、准透翅蛾属、兴透翅蛾属等有程度不同的跨区分布外，都集中发生在旧北界的中亚亚界、东北亚界，和东洋界的中印亚界，种类出现频率达 92.9%。与欧－西亚界、地中海亚界共有的组分有 7 属 9 种，种类出现频率仅为 4.9%；与新亚界的区系关系也十分疏远，共有组分只有 3 属 4 种，种类出现频率约为 2.2%（表 5）。

2. 国内透翅蛾也可概分为南北二大组群。北方以旧北界组群为主，主要代表组分别是：纹透翅蛾属、透翅蛾属、台透翅蛾属、叠透翅蛾属、基透翅蛾属、举肢透翅蛾属等 6 属；南方以东洋界组群为主，主要代表组分是：珍透翅蛾属、绒透翅蛾属、蜂透翅蛾属、桑透翅蛾属等 13 属。两界共有主要组分为准透翅蛾属、毛足透翅蛾属、兴透翅蛾属等 8 属。

3. 主要优势组分是兴透翅蛾属（27 种）、准透翅蛾属（21 种）、纹透翅蛾属（11 种）、毛足透翅蛾属（7 种）、珍透翅蛾属（9 种）、透翅蛾属（6 种）、基透翅蛾属（3 种）等。

表 5　中国透翅蛾的地理分布

序号	属　名	旧北界						新北界	东洋界（中—印亚界）		
		中亚亚界				欧—西亚界	地中海亚界		华南区	华中区	西南区
		青藏区	蒙新区	东北区	华北区						
1	羽角透翅蛾属			**		*				*	
2	直透翅蛾属									*	
3	线透翅蛾属				*					**	
4	桑透翅蛾属									**	*
5	副透翅蛾属									*	
6	绒透翅蛾属								***	*	**

（续）

序号	属　名	旧北界						新北界	东洋界（中—印亚界）		
		中亚亚界				欧—西亚界	地中海亚界		华南区	华中区	西南区
		青藏区	蒙新区	东北区	华北区						
7	举肢透翅蛾属		*	*	*						
8	珍透翅蛾属								****	******	
9	蔓透翅蛾属			*						**	
10	准透翅蛾属	**	***	*****	***	*		**	**********	*********	*
11	寡脉透翅蛾属								*		
12	长足透翅蛾属								*	*	
13	涿透翅蛾属				*						
14	毛足透翅蛾属	****	*	****	*						
15	透翅蛾属	***	**		***	*		*			*
16	蜂透翅蛾属								*	*	*
17	台透翅蛾属			*	*				*	*	
18	叠透翅蛾属	*	*								
19	基透翅蛾属			***		*					
20	疏脉透翅蛾属								*		
21	单透翅蛾属								*	*	
22	纹透翅蛾属	**	**********		***	**	*				
23	容透翅蛾属				*				*	*	
24	土蜂透翅蛾属										*
25	奇透翅蛾属								*	*	
26	兴透翅蛾属	****	*	********	********	**		*	********	***	***
27	小蜂透翅蛾属								*		
出现频次合计 属		6	8	7	11	6	1	3	14	17	8
出现频次合计 种		16	22	22	24	8	1	4	39	38	13

参考文献

[1] 王平远. 中国蛾类图鉴[M]. 北京：科学出版社，1987：80 - 90.

[2] 王音，杨集昆. 茶藨透翅蛾：中国新纪录种[J]. 植物保护，1989，15（2）：15.

[3] 王音，杨集昆. 危害踏浪的透翅蛾1新种（鳞翅目：透翅蛾科）〔J〕. 西北林学院学报，1994，9（3）：31 - 33.

[4] 方三阳. 中国森林害虫生态地理分布[M]. 哈尔滨：东北林业大学出版社，1993，1 - 124.

[5] 刘友樵，沈光普. 湖南森林昆虫图鉴[M]. 湖南：湖南科学技术出版社，1992，728 - 731.

[6] 刘惠英，周庆久，吴殿一. 板栗兴透翅蛾的初步研究[J]. 林业科学研究，1989，2（4）：381 - 387.

[7] 伍佩珩，李镇宇，张学海，等. 杨干透翅蛾性引诱剂研究初报[J]. 北京林业大学学报，1988，10（2）：95 - 101.

[8] 沈百炎. 赤腰透翅蛾的初步研究[J]. 植物保护1988，3：23 - 25.

[9] 肖刚柔. 中国森林昆虫[M]. 北京：中国林业出版社，1983.

[10] 李镇宇，伍佩珩，郭广忠. 杨干透翅蛾性信息素的研究[J]. 北京林业大学学报，1991，13（1）：24 - 29.

[11] 杨有乾，周士秀，李兆麟，等. 京郊白杨透翅蛾的初步研究[J]. 昆虫学报，7（1）：89 - 103.

[12] 杨集昆. 华北灯下蛾类图志(上)〔M〕. 华北农业大学，1977：117 - 125.

[13] 杨集昆，王音. 兴透翅蛾属四新种（鳞翅目：透翅蛾科）〔J〕. 动物学研究，1989，10（2）：133 - 138.

[14] 杨集昆，王音. 六种危害林、果的透翅蛾新种及一新属记述[J]. 林业科学研究，1989，2（3）：209 - 238.

[15] 陕西省林研所，等. 白杨透翅蛾初步研究[J]. 陕西林业科技，1973（11）：6 - 24.

[16] 铜鼓县林科所. 檫树透翅蛾的初步研究[J]. 江西植保，1982 2）：20 - 22.

[17] 徐振国. 蜂形透翅蛾属一新种（鳞翅目：透翅蛾科）〔J〕. 林业科学，1981，17（2）：181 - 182.

[18] 徐振国，李建民，蔡英豪，等. 杨干透翅蛾的研究[J]. 林业科学，1984，20（2）：165－170.

[19] 徐振国. 记新种霍山透翅蛾[J]. 西北农业学报，1993，2（1）：7－10.

[20] 徐振国. 一种罕见的透翅蛾[J]. 昆虫知识，1994，31（2）：113.

[21] ZG Xu, Y Arita. Larval Development of Sesia siningensis（Hsu）in Northern China（Lepidoptera：Sesiidae）[J]. Holarctic Lepidoptera，1996，3（1）：19－21.

[22] 徐振国. 青海小蛾类图鉴[M]，北京：中国农业科技出版社，1997，1－186.

[23] 徐振国，刘友樵. 谷透翅蛾亚科四新种及二新纪录（鳞翅目：透翅蛾科）[J]. 西北农业学报，1993，2（2）：1－5.

[24] 徐振国，金涛，刘小利，等. 新组合和中国新记录：罗氏蔓透翅蛾（鳞翅目：透翅蛾科）[J]. 西北农业学报，1994，3（2）：11－13.

[25] 徐振国，金涛，刘小利. 台透翅蛾属 Scasiba Matsumura 综述及一新种（鳞翅目：透翅蛾科）[J]. 西北农业学报，1994，3（4）：1－5.

[26] 徐振国，金涛，刘小利. 我国近年来发现的透翅蛾新种新记录简介[J]. 昆虫知识，1995，32（15）：300－304.

[27] 徐振国，有田来. 中国北方杨干透翅蛾（Sesia siningensis（Hsu））幼虫的生长（鳞翅目：透翅蛾科）[J]. 西北农业学报，1996，5（4）：54－58.

[28] 徐振国，刘小利，金涛. 新种：檫兴透翅蛾（鳞翅目：透翅蛾科）[J]. 西北农业学报，1997，6（4）：1－3.

[29] Xu Z G, Jin T, Liu XL. A new clearwing moth on the Hippophae tree from Qinghai, China（Lepidoptera：Sesiidae）[J]. Holarctic Lepidoptera，1997，4（2）：77－79

[30] 榆林地区治沙研究所. 杨大透翅蛾习性观察及防治试验[J]. 昆虫学报，1977，20（4）：409－416.

[31] 伍国仪，陈志明，网敏. 中国透翅蛾科（鳞翅目）2个新纪录种[J]. 华南农业大学学报，2011，32（3）：61－62.

[32] 贾云霞. 板栗透翅蛾发生规律及综合防控措施[J]. 河北果树，2017（1）：52－53.

[33] 凤舞剑，强承魁，胡长效，等. 6种杀虫剂对葡萄透翅蛾的防治效果[J]. 江苏农业科学，2012，40（12）：135－136.

[34] 苏立敏，王继平. 应用白杨透翅蛾性诱剂诱杀白杨透翅蛾成虫的实验[J]. 林业勘查设计，2007，144（4）：40－41.

[35] Bradley J D. Two new species of clearwing moths（Lepidoptera, Sesiidae）associated with sweet potato（Ipomoea batatas）in East Africa[J]. Bulletin of Entomological Research，1968，58（1）：47－53.

[36] Kralicek M , Povolny D . Drei neue Arten und eine neue Untergattung der Tribus Aegeriini (Lepidoptera, Sesiidae) aus der Tschechoslowakei [J]. Vestn Cesk Spol Zool, 1977, 7 (2): 81 – 104.

[37] Kranjcev R. Synanthedon croaticus sp. n. (Lepid. Aegeridae) [J]. Acta Entomologica Jugoslavica, 1978, 14 (1/2): 27 – 33.

[38] Lastuvka Z. A contribution to the biology of clearwing moths (Lepidoptera, Sesiidae) [J], Acta Universitatis Agriculturae (Brne), 1983, 31 (1/2): 215 – 223.

[39] Lastuvka Z. On the ultrastructure of the female genitalia of the genus Chamaesphecia Spuler (Lepidoptera, Sesiidae) [J]. Acta Universitatis Agriculturae (Brne), 1983, 31 (4): 125 – 133.

[40] Lastuvka Z. Generic and tribal positions of *Sesia palariformis* Lederer and *S. fenusaeformis* Lederer (Lepidoptera, Sesiidae) [J]. Acta Universitatis Agriculturae (Brne), 1984 (81): 380 – 383.

[41] Naumann C M. Studies on the systematics and phylogeny of Holarctic Sesiidae (Insecta, Lepidoptera) [M]. 1977, 1 – 208.

[42] Neal J W. Bionomics and Instar Determination of *Synanthedon rhododendri* (Lepidoptera: Sesiidae) on Rhododendron [J]. Annals of the Entomological Society of America, 1984, 77 (5): 552 – 560.

[43] Neal J W, Eichlin T D. Seasonal Response of Six Male Sesiidae of Woody Ornamentals to Clearwing Borer (Lepidoptera: Sesiidae) Lure [J]. Environmental Entomology, 1983, 12 (1): 206 – 209.

[44] Snow J W, Eichlin T D, Tumlinson J H. Seasonal captures of clearwing moths (Sesiidae) in traps baited with various formulations of 3, 13 – octadecadienyl acetate and alcohol [J]. J Agric Entomol, 1985 (2): 73 – 84.

[45] Tosevski I, Arita Y. A new species of the clearwing moth genus *Nokona* from the Ryukyus [J]. Japanese Journal of Entomology, 1992, 60 (3): 619 – 623.

[46] Tosevski I, Arita Y. A new species *Nokona coreana spn* from Korea Lepidoptera, Sesiidae [J]. Tyô to Ga, 1993, 43 (4): 260 – 262.

[47] Wang P Y, Lepid J. A new species of Similipepsis and taxonomic placement of the genus (Sesiidae) [J]. Journal of the Lepidoptera Society, 1984, 38 (2): 85 – 87.

[48] Yano K. A revision of the species of the genus *Zenodoxus* Grote and Robinson from Japan, with desriptions of two new species from Formosa (Lepidoptera: Aegeriidae) [J]. Kontyû, 1960 (28): 230 – 238.

[49] Yano K. , Studies on six species of the genera *Paranthrene* Hübner and Conopia Hübner from Japan (Lepidoptera, Aegeriidae) [J]. Journal of the Faculty of Agri. , Kyushu Univ. , 1961, 11 (3): 209 – 236.

[50] Yata N, Arita Y. The place of spinning a cocoon in soil and movement of pupa at the time of adult eclosion by *Melittia nipponica* (Lepidoptera, Sesiidae) [J]. Tyô to Ga, 1993, 44 (1): 31 – 34.

[51] Arita Y, Yura F. Record of new host – plants of *Sesia molybdoceps* (Hampson) in Japan (Lepidoptera, Sesiidae) [J]. Tyô to Ga, 1988, 39 (1): 91 – 92.

索 引

一、透翅蛾学名索引

二、透翅蛾中文名索引（按音序排列）

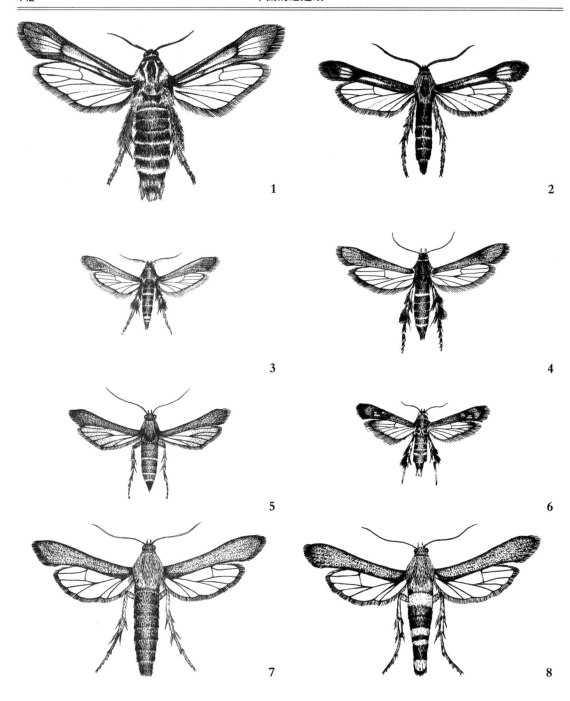

图版 I　1. 赤胫羽角透翅蛾 *Pennisetia fixseni*（Leech），1889
　　　　2. 树莓羽角透翅蛾 *Pennisetia hylaeiformis*（Laspeyres），1801
　　　　3. 铜线透翅蛾 *Tinthia cuprealis*（Moore），1877
　　　　4. 异线透翅蛾 *Tinthia varipes* Walker，1865
　　　　5. 短柄绒透翅蛾 *Trichocerota barchythyra* Hampson，1919
　　　　6. 榆举肢透翅蛾 *Heliodinesesia ulmi* Yang et Wang，1989
　　　　7. 黑褐珍透翅蛾 *Zenodoxus issikii* Yano，1960
　　　　8. 三带珍透翅蛾 *Zenodoxus trifasciatus* Yano，1960

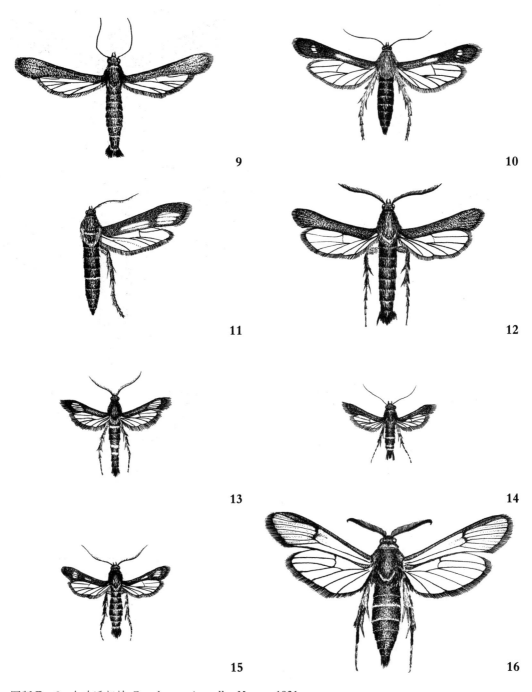

图版 II　9. 台珍透翅蛾 *Zenodoxus taiwanellus* Mats. , 1931

　　　　　10. 黄珍透翅蛾 *Zenodoxus flavus* Xu et Liu, 1992

　　　　　11. 褐珍透翅蛾 *Zenodoxus fuscus* Xu et Liu, 1992

　　　　　12. 红胸珍透翅蛾 *Zenodoxus rubripectus* Xu et Liu, 1993

　　　　　13. 梅岭珍透翅蛾 *Zenodoxus meilinensis* Xu et Liu, 1993

　　　　　14. 拟褐珍透翅蛾 *Zenodoxus simifuscus* Xu et Liu, 1993

　　　　　15. 天平珍透翅蛾 *Zenodoxus tianpingensis* Xu et Liu, 1993

　　　　　16. 霍山蔓透翅蛾 *Cissuvora huoshanensis* Xu, 1993

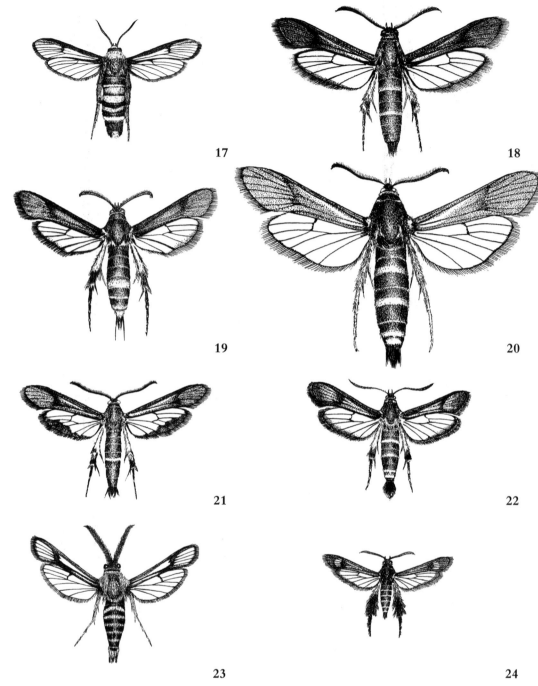

17

18

19

20

21

22

23

24

图版Ⅲ　17. 罗氏蔓透翅蛾 *Cissuvora romanovi*（Leech），1882
18. 日准透翅蛾 *Paranthrene yezonica* Watsumura，1931
19. 葡萄准透翅蛾 *Paranthrene regalis*（Butler），1878
20. 白杨准透翅蛾 *Paranthrene tabaniformis*（Rottemburg），1775
21. 宽缘准透翅蛾 *Paranthrene semidiaphara* Zukowsky，1929
22. 寒准透翅蛾 *Paranthrene pernix*（Leech），1889
23. 槲准透翅蛾 *Paranthrene asilipennis*（Boisduval），1829
24. 长足透翅蛾 *Macroscelesia longipes*（Moore），1877

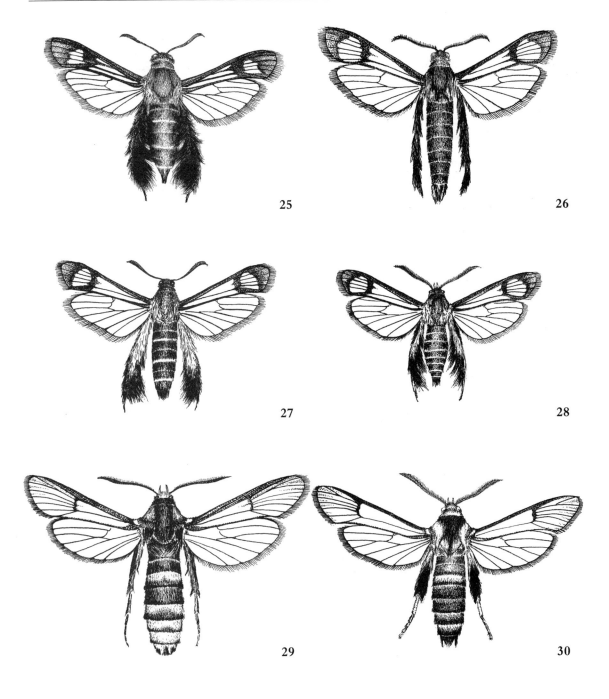

图版Ⅳ 25. 台毛足透翅蛾 *Melittia formosana* Mats. , 1911

26. 巨毛足透翅蛾 *Melittia gigantea* Moore, 1879

27. 神农毛足透翅蛾 *Melittia inouei* Arita et Yata, 1987

28. 墨脱毛足透翅蛾 *Melittia bombiliformis* (Cramer), 1782

29. 杨大透翅蛾 *Sesia apiformis* (Clerck), 1759

30. 花溪透翅蛾 *Sesia huaxica* Xu, 1995

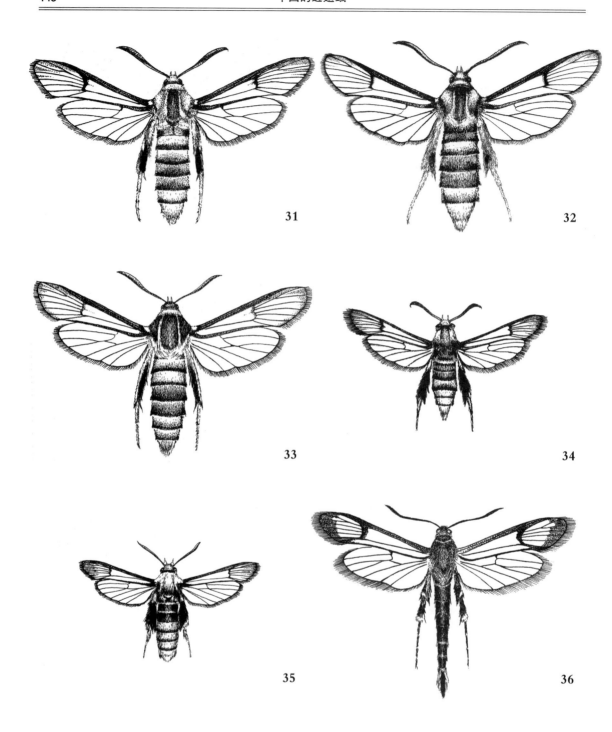

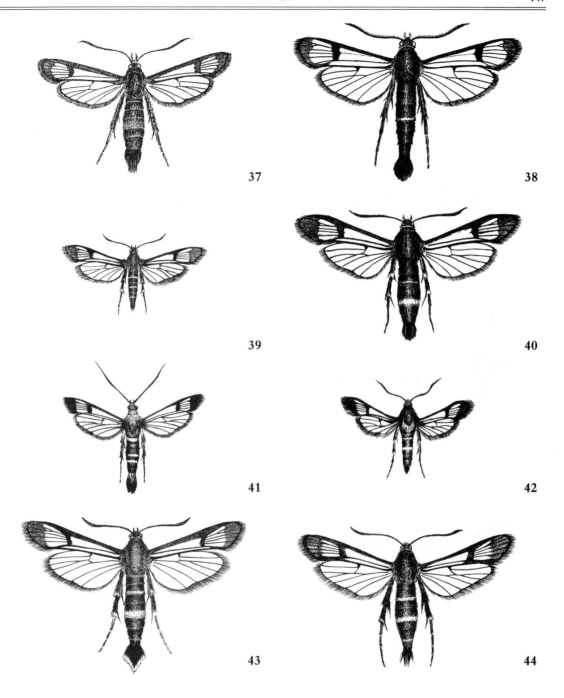

图版Ⅵ　37. 蚊态兴透翅蛾三环亚种 *Synanthedon culiciformis triannulata*（Spuler），1910

38. 沙棘兴透翅蛾 *Synanthedon hippophae* Xu，1997

39. 沪兴透翅蛾 *Synanthedon howqua*（Moore），1877

40. 津兴透翅蛾 *Synanthedon unocingulata* Bartel，1912

41. 苹果兴透翅蛾 *Synanthedon hector*（Butler），1878

42. 遂昌兴透翅蛾 *Synanthedon suichangana* Xu et Jin，1998

43. 海棠兴透翅蛾 *Synanthedon haitangvora* Yang，1977

44. 榆兴透翅蛾 *Synanthedon ulmicola* Yang et Wang，1989

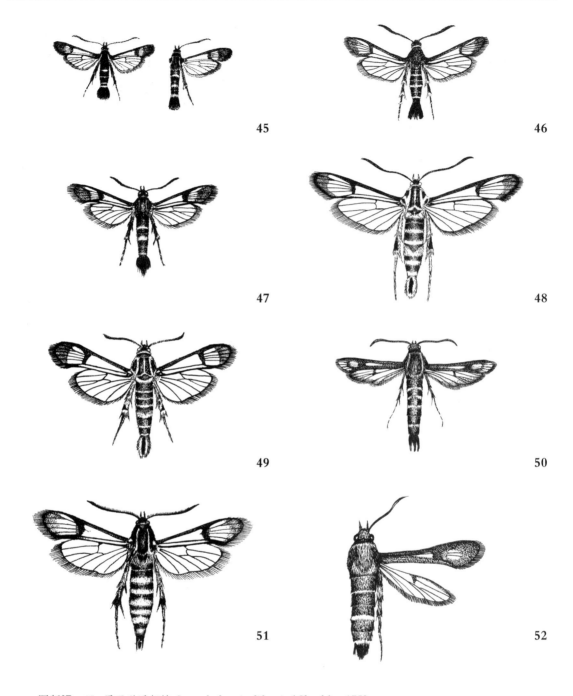

图版Ⅶ 45. 黑豆兴透翅蛾 *Synanthedon tipuliformis* (Clerck)，1759
46. 板栗兴透翅蛾 *Synanthedon castanevora* Yang et Wang，1989
47. 黄腹兴透翅蛾 *Synanthedon flaviventris* (Staudinger)，1883
48. 檫兴透翅蛾 *Synanthedon sassafras* Xu，1997
49. 木山兴透翅蛾 *Synanthedon mushana* (Matsumura)，1931
50. 大戟基透翅蛾 *Chamaesphecia schroederi* Tosevski，1993
51. 凯叠透翅蛾 *Scalarignathia kaszabi* Capuse，1973
52. 麦秀纹透翅蛾 *Bembecia insidiosa* (Le Cerf)，1911

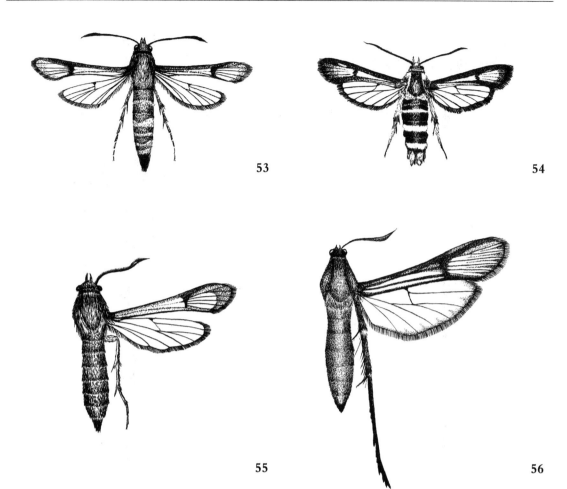

53

54

55

56

图书在版编目（CIP）数据

　　中国的透翅蛾／徐振国，刘小利，金涛编著. —北京： 中国林业出版社，2019. 11
　　ISBN 978 - 7 - 5219 - 0352 - 2
　　Ⅰ. ①中… 　Ⅱ. ①徐… 　②刘… 　③金… 　Ⅲ. ①透翅蛾科—研究—中国Ⅳ. ①Q969. 42
　　中国版本图书馆 CIP 数据核字（2019）第 258594 号

中国林业出版社

责任编辑：陈　惠　王思源
出版咨询：（010）83143614

出版：中国林业出版社（100009 北京西城区德内大街刘海胡同 7 号）
网站：www. forestry. gov. cn/lycb. html
印刷：北京中科印刷有限公司
发行：中国林业出版社
版次：2019 年 11 月第 1 版
印次：2019 年 11 月第 1 次
开本：787mm × 1092mm 1/16
印张：10
字数：200 千字
定价：128. 00 元